你的善良里藏着自己的运气

林子树 著

江苏凤凰文艺出版社
JIANGSU PHOENIX LITERATURE AND ART PUBLISHING LTD

图书在版编目（CIP）数据

你的善良里藏着自己的运气 / 林子树著 . -- 南京 : 江苏凤凰文艺出版社 , 2017.9

ISBN 978-7-5594-1094-8

Ⅰ . ①你… Ⅱ . ①林… Ⅲ . ①人生哲学 – 通俗读物 Ⅳ . ① B821-49

中国版本图书馆 CIP 数据核字 (2017) 第 217615 号

书　　名	你的善良里藏着自己的运气
作　　者	林子树
选题策划	胡　峰　王敬波
责任编辑	丁小卉　姚　丽
文字统筹	范晨曦
出版发行	江苏凤凰文艺出版社
集团地址	南京市湖南路 1 号 A 楼，邮编：210009
集团网址	http://www.ppm.cn
出版社地址	南京市中央路 165 号，邮编：210009
出版社网址	http://www.jswenyi.com
印　　刷	河北鹏润印刷有限公司
开　　本	880 × 1230 毫米　1/32
字　　数	200 千字
印　　张	8
版　　次	2017 年 11 月第 1 版，2018 年 3 月第 2 次印刷
标准书号	ISBN 978-7-5594-1094-8
定　　价	36.00 元

目录
CONTENTS

第一章
你的善良，自有力量

002 你的善良里藏着自己的运气

006 真正善良的人是什么样子

010 情商高的人，做事才有分寸

014 聪明的人从来不揭别人的短

019 一个人的素养决定了自己的人生高度

024 最高的情商，就是心里装着别人

029 那些情商高的人是如何处理家庭关系的

第二章
最贵的贵人是你自己

036 最贵的贵人是你自己

040 你的人生，不必如此辛苦
044 你月入过万，却为什么不敢花钱
048 把事情做到极致的人，才是人生赢家
053 兴趣是让你人生开挂的动力
057 你的问题是想得太多，做得太少
062 别把脾气不好当作自私自利的借口

第三章
你所有的努力总会在某一刻绽放

068 你所有的努力总会在某一刻绽放
073 你对生活的态度决定了自己的幸福
078 浪费的时间里藏着自己的未来
083 你终将会成为让自己仰慕的人
088 亲爱的，你只是在朋友圈里很努力
092 看看一个人的朋友圈，就知道他的人生了
097 不浪费别人的时间，就是帮别人省钱
102 不刷朋友圈的人有多赚
107 那个一直自律的女孩过得怎么样了
112 我这么拼命，就是为了让父母老有所依

第四章

淡定从容，幸福一生

118 低调的女人，好命一辈子
123 不过分索取的女人最懂爱
127 有情调的女人更幸福
132 懂得给别人留后路有多重要
136 懂应酬的女人都赚翻了
140 心存善良的女人，怎样都好看
145 与其仰望别人，不如提升自己
150 那个对自己很省的女人，离婚了
155 你还年轻，要不顾一切地闯荡

第五章

好的爱情会让你的人生充满幸福

162 越成功的男人，越懂得尊重妻子
167 懂得疼妻子的男人才有面子
172 最好的爱情，是我懂你的爱好
176 善待父母，就是善待自己
181 好的爱情会让你的人生充满幸福

185 用爱贯穿的世界更美好
189 总有一种爱情会让你泪流满面
193 别再拿养家糊口做你的借口

第六章
我的成功，就是好好活着

200 成功就是用喜欢的方式好好活着
205 你的快乐与钱多少真没关系
210 姑娘，卖卵子真不会有一个好的未来
216 你委屈的样子真丑
221 好好吃饭到底有多重要
225 没有人会通过你邋遢的外表去发现你丰富的灵魂
231 千万别嫁给一个不懂得尊重你的人
235 书读得少，才觉得看谁都丑
239 在这个怀疑的时代里坚持信仰的力量
245 我竟然成了朋友圈里最穷的人

第一章

你的善良，自有力量

你的善良里
藏着自己的运气

2017 年 2 月 9 日晚，河南新密一名叫陈奕帆的学生骑电动车不慎撞上了停在路边的一辆宝马车，由于车主不在现场，他便写了一封道歉信，然后用信封装着寒假打工赚来的 311 元钱卡在了宝马车门把手里。此举让宝马车主薛先生大为感动，他向当地警方寻求帮助，希望找到这名学生，然后将钱还给他。

后来，在警方的帮助下，薛先生找到了这名学生。当得知他品学兼优时，薛先生萌生了拿出一万元资助这位学生的想法，但被陈奕帆拒绝了。他说："明明是我自己的错，人家不要求赔偿，我已经感到很内疚了，怎么好意思再要这钱呢？"后来，薛先生的二女儿说："这钱是我父亲的心愿，也是他的承诺。再说，这钱是资助你学习的，如果你要赔车钱，可以等到你毕业赚了钱再说，这钱必须收下。”在她的劝说下，陈奕帆才收下了这饱含情意的“助学金”。

一个勤工俭学的高中生，在遇到事情时选择勇于担当，而促成这份担当的就是他的善良，所以人们经常说善良的人最好命。

在整个事情中，陈奕帆是幸运的，但是这份幸运并不是偶然的，这与他的本性有很大关系。如果当时出了事情，他选择悄无声息地逃避，那么良心的谴责肯定会让他这一生都坐立不安，更不用说得到充满温情的助学金了。古语说：“人行善，福虽未至，但祸已远行。”这句话是非常有道理的。

善良不仅表现出一个人的本性，更表现出一个人的处事方式，越是善良的人，他们计较的东西越少，敢于承担的责任越多。时间久了，他们的人缘也会更好，生活自然也会变得更美好。

小马是一个非常善良的人。前段时间，公司让他出差，在去目的地的路上钱被人骗了。由于我们两个私下关系还可以，他怕完不成任务就打电话让我给他汇点钱，后来才知道他的钱并不是被人骗了，而是被自己的善良劫持了。

刚上车没多久，有一个小伙子上来讨钱，哭着说自己的家里人生病了，求大伙儿帮帮忙。这时整个车上的人都无动于衷，当这个小伙子觉得没有指望时，小马竟然把整整 2000 块钱都给了他，嘴里还一直说：“虽然这钱我也要用，但救人要紧，先给你吧。”众人惊愕不已。当小伙子拿钱下车后，一名乘客说：

“你怎么这么傻，这明显是骗子，难道看不出来？”小马讪讪地说：“我觉得这是真的，如果真被骗了，我也认了；要是真的，最起码能在救人上尽一份微薄之力。”

后来，媒体报道了这件事情，结果还真像小马说的那样，那个小伙子当时确实是走投无路了，才想在车上碰碰运气，没想到真的找到了小马这么善良的人，从那之后他们成了好兄弟。小马生病缺钱，这个小伙子知道后，二话不说就给他打了一万块。小伙子说：“他在我最困难的时候帮助了我，现在到了我报恩的时候了。”

其实，善良里真的藏着一个人的运气，你投入的善意日后定会得到成倍的回报。

去年，我采访了当地一位有名的企业家，当得知他曾经差点被对手置于死地时，我有些傻地说：“现在你雪耻的机会来了。”

他看了我一眼说：“小伙子，我为什么要雪耻？他（竞争对手）也过得不容易，前段时间公司差点破产，是我主动借给他钱才得以渡过难关。”看到我不解的样子，他继续说，“这个世界上，终究是善良的人多，当时他那么对我或许有自己的苦衷吧，我不能因为他而改变自己的善良，我始终相信一个人的善良里藏着自己的运气。”

听完这些话后，我突然对眼前这个人肃然起敬，也许在他的世界里根本没有雪耻的概念，有的只是单纯的善良。我想他之所以能东山再起，应该也是这份善良的功劳。

在《西游记》里，我想最恼人的应该就是会念紧箍咒的唐僧，明明是自己凡胎肉眼看不出妖怪，却用自己的眼光否定事实。但我不明白，为何他身边的四个徒弟（包括白龙马）一直形影不离？后来，我觉得自己找到了答案，那就是唐僧的善良，他传递的这份能量是徒弟们永远达不到的，自然而然地形成了一种向心力。

很多时候，我们总是抱怨身边的人是个傻瓜，很明显的骗术都看不穿。我想他们不是看不穿，而是他们在自己的世界里保留了一份真善美。

他们会因为一件小事感动，会第一时间为别人考虑，每每遇到事情，考虑最多的还是别人，生怕自己失误的决策给别人带来致命的打击。

如果陈奕帆没有善良的一面，或许后面的温情就不会上演；如果小马不善良，那位乞讨者家里或许真会雪上加霜，看不到生活的希望；如果那位企业家一心想着雪耻的话，他的对手或许会家破人亡，原本一个幸福的家庭会在顷刻间化为乌有。

记得以前看过一个小品，里面有一句话："如果人摔倒了，都没有人扶，时间久了当人心倒了，那就真扶不起来了。"

其实，有时候很多人比我们聪明得多，但他们却宁愿做一个善良的傻子。

真正善良的人是什么样子

昨天，我在知乎上看到一个很有趣的提问：真正善良的人到底是什么样子？有位网友说：“真正善良的人必定是注重行动的人。”在当今社会，我觉得善良的人不外乎三种——面善、伪善、真善，前两者只是看起来很善良，真善的人往往默默地做着事情，向社会传递着正能量。

一个人是否真善良并不是取决于表面，而是取决于他怎么做事。

有很多人一直跟别人说自己是多么的善良，但是从他们做的事情里却让人觉得他们只是面善而已。一个人的善良不是通过自我夸赞体现的，也不是通过表面体现的，而是藏在他的行动中。俗话说：“与人为善则天下善。”只有我们做一个真正善良的人，这个世界才会充满善意。

朋友在下班的途中碰到一位老人摔倒了，当他刚想过去扶时，旁边有位阿姨劝他：“小伙子，你可千万别过去，否则她会缠住你的。”阿姨“善意”的提醒让朋友停下了脚步，后来一位路过此地的中学生在众人“好心”的提醒下仍是扶起了这位老人，事实证明老人确实摔骨折了，但她并没有给这位中学生带来麻烦。

朋友说：“那些围观者看上去真的很善良，为什么他们偏偏不做善事呢？”我想，他们的善良不过是伪善而已。这世界上总有很多人不仅自己不去行善，而且一直劝告别人也不要去行善，因此，在做事情上他们完全按照自己的方式进行，时间久了他们曾经的善良之心也逐渐消失了。

我一直觉得真正善良的人是有福报的，哪怕暂时没有，但在某一个时间段，福报或许就会悄然而至，而我们要做的就是无论何时都要做一个真正善良的人。

去年，媒体报道了一则“大学生轮流扶老人下山，没想到对方却是董事长”的新闻，之后在社会上引起了强烈的反响，这件事给很多面善和伪善的人重重一击。

事情是这样的，安徽工业大学的四个大学生在爬黄山的时候遇到一对老夫妇求助，希望花钱请四个人扶他们下山。收到求助后，小伙子们很热心地施以援手，但并没有要任何报酬。

后来得知，其中一位老人原来是一家企业的董事长，很快他让自己的儿子和朋友找到学校，不仅向这几位同学表达了谢意，而且还和学校展开了校企合作。他还表示愿意为四位学生提供实习甚至就业的机会。

其实，一个人的善良里真的藏着自己的运气，但这份运气的产生与我们所付诸的行动有很大关系。当然，我并不是说行善的人一定会马上得到好的回报，我想这一定需要一个过程。

如果这几位学生害怕承担责任而拒绝搀扶老人，如果他们索要巨额报酬来搀扶老人，如果他们不是真的善良而是看上去很善良，那么后面的很多充满温馨的画面或许就不会发生了。

真正善良的人从来不去渴求回报，他们只会遵从自己的内心做事，因为这才是他们真实品质的体现。

突然想起一则老故事，在法国巴黎的一台自动售饮料机前，一个穿着很土的年轻人握着几枚硬币站在那儿左右打量，这时刚好路过一对夫妻。

妻子看出了这个年轻人的窘境，便要过去教他，男人拉住了她，并有意地大声说道：“老婆，你渴了吧？我去给你买瓶饮料。”男人走到了年轻人旁边的自动售饮料机，说：“老婆，这东西怎么用啊？”女人明白了，走过去，一边说一边做，教自己的老公如何使用。

其实，真正行善的人从来不会居高临下地施舍，他们会顾及别人的颜面，会通过轻描淡写的处理方式来传递自己的善良。

到底什么样的人才是真正善良的人？我觉得真正善良的人

在路上看到摔倒的老人，会选择毫不犹豫地扶起来，而不是担心自己被冤枉，他们内心深处把善良看得更为重要。

在人生的道路上，如果我们从来不对别人行善，那么别人又为何对我们行善呢？

善良是一种传递，当你把善良给了别人，那么一定会从别人那里收获善意的。如果你在心田播下善良的种子，那么总有一天会长成参天大树的。

做一个真正善良的人吧，而不是看上去很善良！如果你真能做一个善良的人，那么我相信身边的人会越来越喜欢你，你的世界也会开满善良之花！如果真是这样，那么你的人生也一定会多姿多彩。

情商高的人，做事才有分寸

昨天上午，单位李姐满脸泪痕地来到办公室，在大家的追问下才道出老公出轨了。李姐有些伤感地说：“出轨这样的事情，我从没想到会在我的世界里发生。”

李姐说完后大家纷纷劝她，但根本无济于事，办公室里笼罩在一种悲伤的氛围里，直到单位一同事说：“李姐，我们晚上去K歌吧，尽快忘掉这些不愉快。”面对同事的提议，众人纷纷附和。

为了照顾李姐的情绪，众人纷纷让她点歌。由于李姐五音不全，因此歌唱得非常难听。有一位唱歌不错的同事不断地跟李姐说要怎么唱，告诉李姐怎样才能不跑调。刚开始李姐一直微笑着按照她说的来，但慢慢地竟然有些不知所措。最后，李姐干脆不唱了，一个人坐在那里唉声叹气。

面对这种情况，我们只好选择匆匆地结束，当大家都离去时，这位同事对我说："真是好心当了驴肝肺，我这样善意地提醒她，没想到她反而还这样。"

同事说完后，我并没有说话，但是她还一直说个不停，最后我说："你不觉得自己今天有些过分吗？今天李姐才是主角，她是来放松的而不是来参赛的，是为了释放自己的情绪，唱的好坏又有什么呢？"我说完后，同事便不再说话。

生活中我们经常遇到一些人，他们总觉得自己是为别人好，但总是得不到别人的理解，而这些并不是他们错了，是因为他们处理事情的时候从来不会认真考虑。

"善意的提醒"是一个人的修养，如果在合适的时机，一定会得到别人的感激，但如果不注意，有时候你的善意会变成恶意，会造成非常尴尬的局面。

有时候，别人明知道某件事会出现一个错误的结果，但是他们选择隐藏，目的是不让别人发现，来维护自己仅剩的尊严，这个时候我们要做的就是知而不语。

朋友小北更新了朋友圈："真没想到会遇到这样的闺密，从今天起我彻底和她绝交。"配图是一个生气的表情。说实话，小北的闺密我见过，据我所知她是一个非常好的女孩，但没想到会出现这样的情况。

后来我才知道，问题确实出现在小北闺密的身上。那天闺密陪小北一起去相亲，为了给对方一个好的印象，从来不穿高跟鞋的小北特意跟闺密借了一双，只是有些挤脚。

在相亲的过程中，闺密突然说："小北，你快去卫生间看看脚吧，我怕会挤出泡来。"对方赶紧关心地问怎么了，小北瞪了闺密一眼说："没什么，不碍事的。"没想到闺密马上接话说："是这样的，今早她借了我一双高跟鞋，但有些不合适，我怕她脚疼，所以提醒下。"

闺密说完后，整个谈话的氛围顿时尴尬起来。为了缓解尴尬，小北只好起身去了卫生间，回来后拉着闺密匆匆地离开了。在路上，闺密还一再叮嘱她慢点儿，小心摔倒了。

终于忍不住的小北哭着说："你就不能闭上嘴吗？挤脚不挤脚我又不是不知道，用不着你好心提醒。"小北说完后，一个人跑开了，剩下闺密一个人在那里发呆。

善意的提醒里藏着一个人的智慧和处事方式。

出现事情后，聪明的人总能在最快的时间里妥善地处理。而有些人却总是不分时机地提醒对方，这种做法只会让事情更加糟糕，在别人看来这就是多嘴。

我有一位女性朋友最近非常烦恼，她经常和朋友们一起讨论怎么教育孩子。那天有位宝妈说："带一天孩子实在太累了，我家孩子早上 6 点多就醒，晚上 11 点以后才睡。"

那段时间朋友正好把孩子的睡眠时间调整得非常好，她便得意地说："小孩子睡太晚不好，白天太兴奋夜里睡不好，会影响大脑发育，你可一定要注意了。”

虽然朋友夸夸其谈了半天，但那位宝妈只是笑笑说：“还是你懂得多。”但明显感觉到她非常敷衍。

后来，那位宝妈再也没有来过，原来朋友的“多嘴”让人无法接受，那位宝妈虽然抱怨自己的孩子，但她却是幸福的，因为孩子的爸爸每天早上要 7 点上班，晚上 10 点才会回家，这位母亲为了让孩子每天都能见爸爸，只好这样。

其实，她明知道这样对孩子不好，但是她没有任何办法，所以只好偶尔在人群里抱怨一次，别人都知道她的情况，所以从来不说，但是朋友却用自己所谓的善意提醒绑架了她的幸福。

其实，在现实中，我们有太多的不得已，也许在外人看来非常奇怪，但只有我们自己觉得肯定有它存在的原因。

每一个人都有自己不为人知的故事，外人看到的永远只是冰山一角，你善意的提醒或许别人根本不需要，如果你执意要这样，事情只会更加糟糕。

你眼中的莫名其妙，或许恰恰是别人隐藏自己的外衣；你以为自己的善意提醒是良药，但对别人来说有可能恰恰是毒药。

我们不是别人，就没有权利和资格拿自己的善意去绑架别人。

其实，我们能做的就是做好自己，至于别人我们根本管不了，遇到事情学会站在别人的立场上考虑，才会让大家更喜欢。在处理事情中，让别人一直不尴尬，这才是真正善意的提醒。

聪明的人
从来不揭别人的短

这是朋友小王的故事。

小王大学毕业后在当地一家图书公司做策划编辑，正当有些成绩时，家里火急火燎地让他回去。小王回家后才知道父母托关系在当地帮他找了一份编辑的工作，由于小王觉得这份工作也不错，所以就很快辞了职。

回到老家，由于父母不放心他一个人在外面租房，因此就让他住在亲戚家，没想到这一住就是两年。后来小王结婚生子，也有了自己的家庭。

有一次，亲戚找他借钱装修房子，但那时小王身上正好没有钱，亲戚的脸色就非常难看，亲戚临走的时候对小王说："你在我们家住了两年，难道就不能为我们想想办法？"最后实在没有办法的小王只好从单位里提前预支了两个月的工资。

小王以为亲戚只是偶尔来借一次钱，但是他没想到这仅仅是开始，后来亲戚总是找各种理由来找他借钱，只要小王稍有不满，亲戚就会拿他在自己家里住过一段时间说事。

时间久了，在亲戚家住过的那段时间像噩梦一样缠着他，小王甚至害怕听到亲戚的声音。小王说："这两年的恩情我可能这一辈子都还不完了，早知道这样我当时还不如自己租房住。"

那段时间小王非常郁闷，为了不再让自己受折磨，他甚至想从自己的脑海里剔除那两年的记忆，但是每当这样，"忘恩负义"这四个字就像幽灵一样怎么也挥之不去。

讲真，对于别人的无私帮助我们都会心怀感恩，但如果别人不停地在耳边说，那么我们就会越来越抗拒，时间久了，我们甚至就没有半点感恩之心了。

真正聪明的人从来不揭别人的短，因为他们知道每个人都不想直面自己曾经的短处，那个时候的他们也是最脆弱的时候。

每个人都有自己的短处，虽然他们时刻都能看到，但是他们想尽量把短处隐藏起来，因为这是他们最不想让世人知道的事情。可这世上总有那么多人喜欢拿别人的短处做要挟，只要当时达不到自己的目的，就会把别人的短处公之于众。当他们揭开这伤疤时，我想彼此之间的缘分也就到了尽头。

在我们的日常生活中，"揭短"有时是故意的，那是互相敌视的双方用来作为攻击对方的武器的；“揭短”有时又是无意的，那是因为某种原因一不小心犯了对方的忌讳。

有心也好，无意也罢，作为成年人，我们应该知道在待人处世中揭人的短都会伤害对方的自尊，轻则影响双方的感情，重则导致合作的破裂，产生非常不好的影响。

真正聪明的人都有宽广的胸襟，都懂得如何尊重别人，他们断然不会总是拿别人的短处说事。

昨天跟同事文文一起吃饭，文文有些生气地说：“我以后再也不和闺密小张做朋友了，真没想到她是这种人。”看到文文一脸怒气，我慌忙问她怎么了。

原来，文文和小张是最好的闺密，她们两个人经常无话不谈，文文甚至把自己的很多短处告诉她。本来文文以为小张是最好的倾诉对象，但是结果却让她大失所望。小张总是在她们一起聚会的时候，把文文的这些短处公之于众，在大家哈哈大笑的时候，文文非常尴尬。她说：“感觉自己在大家面前仿佛是透明的，她们总喜欢拿我的短处说事，而这一切的始作俑者就是小张。”

讲真，很多人的短处有时候就是自己心底的秘密，甚至是别人永远也不能碰触的隐私，聪明的人从来不会在这方面犯错。

当朋友把自己的短处告诉你，那是因为他非常相信你，非常看重你的人品。不揭短之人必定是值得别人尊重的人，这里面藏着一个人的修养。

真正大气的人，即使和朋友反目成仇，但还是会经常谈到朋友的好处。只有小肚鸡肠的人会经常谈到朋友的坏处，会经常当众揭人之短，透露他人内心的秘密，甚至还有些人无中生有，捏造事实中伤朋友，这样的人才是十足的小人。

孟子说：“诚者，天之道也；思诚者，人之道也。”

一个人只有以真诚的态度对待别人，不揭别人的短处，才会获得他人的尊重，才能处理好人际关系。

在这个世界上，总存在这样一种人，他们揭别人的短时从不考虑别人的感受，总想着借此来寻求自己的存在感。其实，这种人真的让人非常反感，时间久了，他们的世界肯定会变得非常黑暗。

真正的存在感是靠自己争取的，而不是通过揭别人的短处来交换的。坚持揭别人短处的人，他们的人生注定是失败的，生命也不会有丝毫价值。

不揭别人的短是一种尊重，是让别人信任你的重要武器。如果别人对你一直持一种感恩的态度，我想当你遇到困难时，他们自然会前来帮忙，因为他们觉得你是可以相伴一生的挚友。

俗话说：“骂人不揭短。”不管在什么情况下，我们都不要揭别人的短处，在这个世界上不存在一点过失都没有的人。对于别人的短处，我们要学会接受；对于别人的信任，我们绝不能辜负，别人倾诉的事情我们更不能到处散播。

不揭人的短处，自古以来就是衡量一个人道德修养的标准之一。

在人生的道路上如果我们心怀一颗善良之心，就一定会赢得他人的尊重与欣赏，不仅如此，我们还能借此处理好非常棘手的人际关系。

一个人的素养
决定了自己的人生高度

最近，一则“连云港某晚报编辑性骚扰女作者”的消息在朋友圈刷了屏，这位女作者说自己在机缘巧合下认识了某晚报的编辑赵某，天真的她原以为可以在写作上向老师学习一二，却没想到对方是一个老色狼。

女孩说：“这位老师的言语挑逗极为露骨，我原本以为他是位好老师，没想到他只是想睡我。”险些落入魔掌的女孩庆幸自己在最后一刻看清了这个老师的嘴脸。新闻事件持续发酵，直到这位编辑被停职，某晚报在微博上道歉，事情才告一段落。

知道这件事后，有位知名的编辑调侃：“我从来没有想到编辑的权力这么大，做编辑二十多年了，我一直觉得自己很卑微。”在很多人的眼里，编辑都是受人尊敬的，他们做的都是吃苦受累的活儿，每天重复着单调的工作，然而这位赵编辑的行为却让人大跌眼镜，他之所以这样我觉得和一个人的素养有关。

关于素养，百度里说：“是一个人由训练和实践而获得的一种道德修养。”我想，这位赵编辑虽然经过了一段时间的训练，却丧失了最起码的道德标准，他的人生也将因此陷入低谷。

我一直觉得素养能很好地体现出一个人的品性，有能力的人如果缺乏了道德的约束，那么他的人生就是失败的，注定会生活在人生的黑暗里。

素养好的人，大多数都是成功的人，他们的人生也会因此一再创出新的高度。相反，素养差的人，生活大抵都不如意，因为他们很容易迷失在这个变幻莫测的世界里。

我有一位女性朋友应聘到一家不错的广告公司，工作了一段时间后没有接到一个广告单，为此经理非常不开心，告诉她如果最近一个月再接不到单，那么她就可以收拾东西走人了，为此朋友经常忧心忡忡。

眼看一个月马上就要过去，这天经理给她打电话说要去谈一单广告，朋友非常开心。她在心里暗暗鼓劲，一定要拿下这一单，为此她特意把自己打扮得非常漂亮。

朋友原本以为他们会很快进入正题，但是他们只喝酒不谈业务。酒喝了一半后，对方领导说：“小李，把这杯喝了，我们就把合同签了。”这个时候，经理一直给她使眼色。在经理的期盼中，朋友端起酒杯一饮而尽，然而这杯酒喝完，他们还是没有签合同。

他们只好一杯接着一杯地喝，后来对方领导越来越不自重，这让朋友非常反感。他的过分终于让朋友忍无可忍，在他们惊愕的目光中摔门而去，很显然这个广告单谈崩了。

第二天，朋友就辞职了，她说：“我虽然需要一份工作，但更需要被尊重，对这么没有素养的人还是远离的好。”凭着自己的坚持，朋友如愿以偿地找到了新的工作，而那位领导最后被人告发了，人生陷入了谷底。

其实，素养是一个人的名片，它里面藏着别人对你最大的尊敬。素养高的人，人生会处处充满温暖。

越是有素养的人，他们的人生往往越会顺畅。

小马就是一个很好的例子，因为职业的原因，平日里小马经常出去采访，有一次单位让我和他一起去采访一位抗战老兵。

面对我们的到来，老兵非常高兴，他热情地给我们倒了两杯茶。看到杯子上锈迹斑斑的茶渍，我有些不知所措，小马看了我一眼马上端起茶杯一饮而尽，嘴里还不住地说真是好茶，那次采访进行得非常顺利。

事后，我说他有点夸张，小马却说：“他是老兵，需要被尊重，如果我们不喝那杯茶，他心里肯定会失落的，我可不想因为我个人的原因而让他失望。”

后来我才知道小马经常会遇到这样的事情，他的做法也从未改变，因为他觉得对一个人最好的表达方式就是尊重对方，这也是个人素养的最好体现。因为具备了良好的素养，他总能很快拉近与当事人的距离，写的稿子也屡屡得到领导的夸赞，因此，他几乎每年都被评为“十佳记者”，并很快被提拔为新闻主任。

其实，好的素养就是学会尊重别人，就是不会让别人难堪；好的素养就是把自己最好的一面展现给别人，让别人感觉舒服。换句话说，一个人的素养高低决定了他以后将过怎么样的人生。

很多时候，我们不知道一个人的素养到底有多重要，因为在这个注重能力和颜值的时代，很少有人去讨论素养的重要性，甚至很多素养很高的人总觉得自己和这个社会格格不入，成为被别人嘲笑的对象。

其实，素养里藏着一个人的未来，或许我们暂时看不到素养带来的好处，但是它能为我们的未来搭建一个很好的平台，这个平台甚至包括了我们人生的所有一切，决定了我们最终的人生高度。

也许，有素养的人在人生的道路上不一定能取得辉煌的成功，但是没有素养的人注定会失败。有人说，越是高层次的圈子和高层次的人，他们越需要用更高的格局去维护，而素养就是他们高格局所必需的素质之一。

如果这位编辑有很好的素养，那么我想他有可能让自己的人生上升到一个新的高度，成为圈里编辑的模范；如果这位领导能有很好的素养，学会用道德来约束自己，或许他会成为行业里新的标杆；如果小马没有好的素养，那么他的人生或许永远都达不到这个高度。

无论什么时候，我们都要知道素养的重要性。办每一件事，都真正地面对自己，尽可能地把自己最好的一面展现出来，我想这样的你就是最美的你。

最高的情商，
就是心里装着别人

在知乎上对情商的讨论非常热烈，有人说情商是一个人根植于内心的修养，遇到事情看破而不说破；也有人说情商是一种处世的机会，真正情商高的人无论在事业还是爱情上都能游刃有余。

那么，到底什么样的情商才是最高的？

我一直觉得但凡情商高的人，他的品质也一定很高，也一定会谨言慎行，因为他们知道自己的无心之话有可能让有心之人非常反感，他们无论在什么场合都会时刻装着别人。

高情商里藏着一个人的聪明才智。真正聪明的人从来不会让别人难堪，也不会心直口快地当众表达自己的不满，在特定的场合他们一定会优雅地表现自己，把自己最好的一面展现出来。

大学同学张晓昨天参加了一场相亲会，由于走得匆忙，不小心把裤子划破了。她本想回家换一件，但又怕迟到，犹豫再三后，她还是觉得第一次迟到非常不礼貌。

其间，张晓极力掩盖自己的尴尬，但明眼人一看就知道发生了什么事情，面对男士的问话，张晓显得有些心不在焉。

当气氛陷入尴尬中时，这位男士说："没想到今天天气挺冷的，我看你一直哆嗦，你要是不介意，就把我的外套盖在腿上吧。"张晓还没来得及说话，对方就把外套递了过来。

后来，张晓跟我说："本来当时挺尴尬的，但是他递过来外套那一瞬间，我突然觉得如沐春风。"

其实，情商高的人永远是最会化解尴尬的人，因为他们的心里时刻装着别人。

在生活中有一类喜欢讲真话的人，有人说喜欢讲真话的人都是善良的人，因为他们遇到事情从来不会拐弯抹角，而是心直口快地吐露自己的心声，在我看来这类人其实就是情商低的表现。

我一直觉得心直口快的人都是伪善的人，因为他们不懂得给别人留有余地，无论在什么时候都以自己为中心，丝毫不考虑自己的言语会给别人带来什么样的伤害。

两年前，我认识一个叫小北的女孩，她总喜欢以自己为中心。

有一次她陪闺密去买衣服，在这期间闺密试了好几件，但小北都说不好看，最后，闺密失望而归。

在回来的路上，闺密还抱有一丝幻想地说："那么多衣服，难道就真的没有合适我的吗？"小北告诉她根本不是衣服的原因，主要是闺密的腿太短，腰太粗，所以搭配起来非常不好看。小北说完后，闺密一路上都黑着脸。

后来，闺密跟她绝交了，小北跟我说："真没想到她是这种人，我实话实说还不是为了她好，她要是买来肯定纯粹浪费钱。"对于小北的说辞，我并不知道该如何回答。

其实，这世上的每一个人都渴望获得别人的赞美，有时候他们明明知道结果，但是他们还是想从别人嘴里听到。情商高的人自然会满足他们内心的渴求，而情商低的人只会摧毁他们仅剩的心理防线。

看破不说破，是一种智慧，也是一种高情商的体现。

朋友圈里朋友晒个图，你马上说用过美图秀秀；朋友写篇文章，你马上指出写得非常烂。总有那么多人为了逞一时口舌之快而做损人不利己的事，这些人其实很善良，但是善良得过火就是傻。

一个人总说出让别人难堪的事情，等于丝毫不给别人留有颜面，这样的人人品我觉得也不会有多好；遇到事情能优先考虑别人，在公共场合保护好别人的颜面，这样的人也必定是处世成功的人。

心里装着别人是高情商的体现，是一种让别人无法抗拒的人格魅力。

在西方法庭上有一个“真话原则”，宣誓的所有人必须保证自己说的话全部是真的，法庭借此来查清事情的真相，还世间一个公道。

但我们的生活毕竟不是法庭，因此没有必要什么话都要说，比起无底线的尴尬，适当的赞美更会让人开心。如果在这个社会你一直心直口快，丝毫不顾虑别人的感受，那么我觉得你肯定会没朋友。

能够把握说实话分寸的人，必定是情商高的人，也是成熟的人。在社会这个大圈子里，他虽然看得穿，但从不说破，不仅顾及了别人的面子，也成全了自己的智慧。

在生活中，每个人或多或少都会遇到尴尬，聪明的人会想办法化解尴尬，而不聪明的人只会放大尴尬，这说到底也是情商的体现，一个人情商的高低完全能在日常生活中展现出来。

季羡林曾说：“做人就应该假话全不说，真话不全说。”我一直觉得这才是一个人真正智慧和高情商的体现。

当别人看不到错误时，我们委婉地指出来了，我相信他一定会感激你。当别人陷入尴尬的境地时，虽然我们帮不上忙，但也尽量不要暴露对方的尴尬，如果你真这么做，我相信你就是一个高情商的人。

情商里藏着一个人的格局，藏着一个人未来的样子，但凡是格局大的人情商也一定会很高，前途也会一片光明。

在任何时候，心里装着别人都是一种智慧，别人也一定会感激你这种智慧带来的结果，时间久了，我相信你的人生一定会锦上添花。

那些情商高的人
是如何处理家庭关系的

最近，有很多网友对男人的情商展开了大讨论，有人说情商里藏着一个人的运气，也有人说它决定了一个人的高度。

情商的重要性不言而喻，那么，高情商的男人到底是什么样子？

男人情商高，不是指你在公司里职位有多高，人缘有多好，路子有多广；也不是你多会阿谀奉承，溜须拍马；更不是你颐指气使，高人一等，而是看你在处理好事业的同时，能不能长久地维系一个家庭的平衡与和谐。

的确，男人有太多的压力，能顶着压力拼出事业的男人很多，但空打着“我为了家努力拼事业”的旗号而实际上置家庭于不顾的男人更多！

俗话说“清官难断家务事”，可见维系好一个家庭有多难，而家庭矛盾的重中之重当属婆媳关系，因为这是对男人来说最重要的两个女人之间的矛盾，所以最难处理，稍有偏颇，整个家庭的天平就会失衡。

我一直以为能够处理好这种关系的男人才是最成功的，换句话说，能处理好婆媳关系的男人才是高情商的男人。

绝大部分男人遇到婆媳矛盾的心理是：“我工作已经这么累了，回到家后你们能不能消停会儿？”于是这些男人大发雷霆，感觉妻子和妈妈一点不体谅自己。这种不闻不问、不管不顾，甚至是不满，最终导致婆媳关系持续恶化，继而整个家庭矛盾升级，一发不可收拾。

真正高情商的男人则相反，他们不会一味指责或偏袒某一方，而是努力去平衡、融洽二者的关系。

朋友是某单位的部门领导，员工从心底里都对他非常佩服，这份佩服并不是表面上的趋炎附势，而是发自内心的一种真诚。由于遇到事情大家总是心往一处想，劲儿往一处使，他们的部门每年都会被评为先进集体。

很多人都不知道朋友为何能在事业上一帆风顺，去他家做客后，我想我知道了原因。

那时，朋友的孩子比较小，母亲过来帮忙带孩子，婆媳之间自然也会有一些矛盾。有一次，母亲和妻子之间的矛盾冲突彻底爆发，婆媳二人好几天不说话，这样让谁都疼痛的窘事，却被朋友轻松地化解了。

下班后，他给母亲送洗脚水说：“我刚到家，媳妇就催着让我给你端洗脚水，她说你的脚气很严重，所以嘱咐我给你送盐水，还让我给你带上了药膏。”朋友说完后，母亲当时并没有说什么，但是很认真地洗了脚。

由于妻子晚上经常不吃饭，身体有些虚弱。晚上回家他说：“母亲煲了汤让我给你送来，她说你胃不好，晚上要多少吃点，还嘱咐汤里不要放葱花和大蒜，她说你不吃，她真是比我细心多了。”他说完后，妻子当时也没有说话，但是默默地将汤喝完了。

这样的“小事”不止一件，但每一件朋友都做得很认真。我不知道朋友的妻子和母亲是否看出来这些都只是朋友善意的小谎言，但是我想：一个男人，但凡他的母亲知道心疼儿子，妻子知道体恤丈夫，看到这么一个大男人奔走在两个女人之间，用着无伤大雅的小伎俩努力去讨好彼此，她们都会不忍心再闹下去吧。

果然，在朋友的不懈努力下，这对婆媳不仅重归于好，而且很快情同母女。其实婆媳之间，哪有深仇大恨，多半是鸡毛蒜皮的小事，她们都想要的，不过是中间这个男人的关注和体贴罢了。

情商高的男人想方设法让家庭往好的方向发展，而情商低的男人却恰恰相反，他的某些自以为是的行为会让家庭生活越来越糟。

我以前有个男同事，每天下班都不回家，经常独自一个人去餐馆吃饭，每次都混到饭店打烊才走。我问他原因，他说："妻子和母亲总吵架，这让我很烦，她们一点也不理解我。"

我一直觉得这样的男人根本不会处理婆媳矛盾，在家里我估计他会这么说："你们烦死了，能不能别吵了？"而这样的方式只会让婆媳关系更糟糕。

其实妻子和母亲完全是两个世界的人，因为男人的原因她们才会走到一起，她们之间的关系无法缓和的最根本的原因也是这个男人。

有次我在商场碰到一对小夫妻买挎包，女的看上一款非常漂亮的挎包，但又觉得贵，拿不定主意，便问男的，男的说："这一定要买，我媳妇挎着这包多漂亮啊。"买完后，女的还想要双鞋，男的毫不犹豫地买了，女的当时就乐了。

事后，男的说："老婆，我就一个请求，咱别和妈赌气了好吗？你看他照顾你老公我这么大也不容易，咱回家就给妈一个微笑行不？"女的当时就答应了。

我觉得这男的处理婆媳之间的关系就挺赞的，在战术上这叫四两拨千斤。

一个男人的事业高低取决于他的家庭是否幸福，而评判他们家庭幸福的标准就是男人是否会处理婆媳之间的矛盾。

在处理婆媳关系中，有的选择两头瞒，有的选择两头传两头烦。两头瞒的男人是极其聪明的，他不光能巧妙地让两个女人对彼此的不满消弭于无形，而且会替两个女人讨好彼此，让两个女人互增好感，促进婆媳之间的和睦。

两头传的男人是非常愚蠢的，因为婆媳之间本来没有多大的矛盾，只是一些小摩擦，但经过中间的那个男人的“如实传达”后，小摩擦就会变成大麻烦，最终的结果便是将传话的男人放到深水热火中煎熬。

其实，能否处理好家庭矛盾，直接决定了一个男人事业的高度和这个家庭的温度。如果你连自己的家庭矛盾都处理不好，那么还谈什么事业？

一个幸福和谐的家庭完全能够助力一个人的事业发展，而我们却总是一直在忽略。

不要让生活的尘埃淹没了你的幸福，也不要让婆媳间的矛盾影响你的事业，如果这些真的成为你的麻烦，那么我想你真的需要静下心来好好思考了。

第二章 最贵的贵人是你自己

最贵的贵人
是你自己

两年前，单位派我去上海跟一部戏，在这期间我认识了苏苏，她长得非常漂亮，刚开始我以为苏苏是这部戏的女主角，在朋友的介绍下我才知道她是这部戏的制片人。

我对朋友说："苏苏这么漂亮，不去做演员真是可惜了。"朋友笑着说："其实，她一开始是想做演员的，但是在演艺这条路上始终没有成功，最终转到了幕后。"

一个夏日的午后，我知道了苏苏的故事。

苏苏毕业于上海戏剧学院，毕业之后留在了上海，虽然父母一直劝她回家，但她都一直拒绝。苏苏希望能实现自己的演员梦，能成为下一个李冰冰。

社会的残酷让苏苏措手不及，为了生计她只好兼职做表演老师，在空余的时间努力地包装推销自己，虽然拍了几部网络电影，但效果却并不理想。

慢慢地，苏苏发现根本没有人找她演戏，回去的想法越来越强烈。正当自己准备回家时，她成功接到了一个角色，虽然角色一般，但苏苏觉得这是最后的机会。

她很快进了剧组，跟着试戏，熬夜看剧本，甚至经常对着镜子练习到半夜。当她沉浸在自己的演员梦里时，导演说她和角色的调性不搭，只好选择换人。

其实，苏苏知道并不是调性不搭而是自己拒绝了所谓的规则。

知道结果后，苏苏哭了一夜，演员梦破碎的一刻，苏苏突然找不到自己的价值。她不明白自己的贵人为什么迟迟不出现。

买好回家的火车票后，苏苏陷入了沉思。在火车启动的刹那，苏苏把票撕得粉碎，她想再努力一搏，虽然自己深处逆境，但也要绝地反弹。

自己的戏路受到限制后，苏苏开始转战幕后，她希望自己能成为一名优秀的制片人。苏苏对着镜子说："既然遇不到自己的贵人，那么就努力坚持吧。"

苏苏是这么说的，也是这么做的。

制片行业不仅水深，更是金钱的无底洞，他们要在复杂的社会环境里应酬，见不同的人，聊不同的天。

幸运的是，苏苏不仅拉到了赞助而且还找到了好的剧本和靠谱的制作团队。那段时间，苏苏虽然天天熬夜，但活得非常充实，当电影杀青时，苏苏痛快地哭了一场。

苏苏说：“在梦想面前我们没有资格退缩，即使在这条路上找不到自己的贵人，那么也要创造奇迹。”后来，苏苏很快在制片行业站稳了脚跟。

一个人只有不放弃，不认输，命运才会垂青于她，才会给她最后翻盘的机会。

去年，我在市里的重点初中碰见了高中同学张凯，我本来以为他是来送孩子上学的，但没想到他是这所学校的老师。讲真，听到这个消息后，我还是有些不相信，因为张凯在高中就退学了。

面对我满脸的怀疑，张凯说出了真相。

张凯退学是因为家境不好，退学后他选择了自考，不论是寒冬还是酷暑他从未停下对梦想的追逐，就算自己的人生真的不会有改变，但他还是想放手一搏。

虽然开始非常艰难，但是张凯选择了咬牙坚持。为了能考上大学，他付出了常人难以想象的努力，经常看着书就会沉沉地睡去，这份玩命的努力终于换来了自己想要的结果。

面对我的赞美，张凯轻描淡写地说：“这真没有什么，只不过算是对得起自己的付出，既然生命里没有贵人出现，那么我就靠自己。”

其实，我们才是自己生命里的贵人，人生到底会达到一个什么样的高度，没有人会过多关注，他们不会在你失败的时候给你鼓励，更不会看到你所走过的路。

做自己的贵人，不要在岁月的磨难中忘掉初心，不要让世俗迷惑了自己的眼睛，每走一步都要知道自己想要什么，这才是最棒的人生。

每个人都在寻找贵人，但唯独忽略了自己。我们抱怨上帝关上了那扇门，却忘记了他还留下了一扇窗，如果你能打开那扇窗，定会发现外面更大的世界。

我们在人生舞台上的努力表演，不是为了获得别人的掌声，而是为了能与自己心灵的广度、宽度和深度相适应。

我们绝大多数人都是普通人，没什么背景，没遇到什么贵人，也没读什么好学校，但这些都不重要。关键是，我们决心走哪条路，我们想成为什么样的人，我们准备怎样对自己的懒惰下黑手。

也许我们只是一只待在壳里努力的蛹，多少个无眠的日夜都在苦苦地坚持，但风雨之后必定会有彩虹挂在天边，我们终有一天会靠自己破茧而出，绽放出惊人的美丽。

蚕蜕皮会很疼，凤凰涅槃也会很疼，但是当它们将孤独的一面翻转，将胸膛向世界敞开时，它们便在疼痛中感受到了自由。

我们不寄希望于自己的生活中出现贵人，我们靠着自己向前走，我们相信自己的梦想并不断坚持。

只有这样，我们才能成为自己的贵人。

你的人生，不必如此辛苦

大学同学陈向阳个子不高，皮肤黝黑。念大学时，他每次都会5点准时起床，一个人到阶梯教室去学习。为此，我们非常不理解，在经历高中地狱般的折磨后为何还要如此拼。

陈向阳每天都会雷打不动地复习，但期末考试后他的成绩却比一直睡懒觉的我多不了几分。后来我才知道陈向阳用功的根本不是我们的专业课，而是播音训练。陈向阳用地道的东北话说："我的理想是当一名播音员。"

讲真，陈向阳说完后，我差点笑岔了气。看着他矮胖的身材，听着一股子东北味的普通话，我忍住笑说："你也太幼稚了，就凭你的声音和外貌还想成功，这简直是天方夜谭。"

对于我的挤兑，陈向阳直接没吭声，他一直做着自己从丑小鸭变成白天鹅的美梦，在我们的嘲笑中继续努力完成自己的梦想。

毕业后，我们都在拼命寻找工作，陈向阳却一直在各个小电视台寻找机会，很多媒体只要看到他这副模样就直接拒绝。由于我们两个私下关系很好，我经常提醒他别做白日梦了，但是陈向阳就是不听。

陈向阳的努力并没有换来自己想要的结果。在生存面前，他终于还是选择了低头，很长一段时间他不再谈梦想，朝九晚五地做着一份简单的工作。他跟我说："现在我想明白了，还是吃饭赚钱重要。"

我以为陈向阳彻底把梦想放下了，但是没想到他一直在坚持，随着普通话越来越好，他对播音也更加有了底气。

一次我给陈向阳打电话才知道，他现在是一家电视台的DJ。凭借充满磁性的嗓音，他成了观众最喜欢的主播，他的成功让我看到了坚持的力量。

在生活中我们总是抱怨人生太辛苦，做着自己不喜欢做的事情，浑浑噩噩地消耗着自己的青春。工作从来不会做到极致，由着自己的性子换来换去，这样的人生其实才辛苦。

爱默生说："一个朝着自己目标永远前进的人，整个世界都会为之让路。"对于很多人来说，梦想是一道美丽的彩虹，虽然无法躲避消失的宿命，但借助它短暂的光芒，我们一定会得到意料之外的收获，这就是坚持的魅力。

大学毕业后，我的人生非常辛苦，前后换了好几份工作，虽然心怀梦想但是一直坚持不下来。本来进入了自己梦寐以求的媒体，但是因为生活所迫，我又选择了辞职，有时候觉得自己非常失败。

离开媒体后，我选择了经商，之所以做这个选择并不是因为喜欢，而是为了养家糊口。一段时间后，虽然生活有了一些改善，但我根本开心不起来，用陈向阳的话来说就是我已经失去了对梦想的追求。

陈向阳说："坚持追寻自己的梦想是一种勇气，更是一份对命运的虔诚，在人生的道路上，努力攀登还是自由堕落这都取决于我们自己，为梦想而战的人生肯定不会太辛苦。"

在人生的路上我们之所以一直抱怨太辛苦，是因为对梦想不会从一而终，总是给自己的人生之路寻找太多的借口。很多人的一事无成都败在不能坚持上，这也注定他们的人生更加辛苦。

朋友苏苏在一个月内换了三份工作，第一份是在房产策划公司做文员，她嫌累，干了不到十天就辞职了；第二份是在一家事业单位做内勤，她嫌工资低，也很快辞职了；现在她在商场卖衣服，可是她觉得这份工作还不如前两份。

很多时候，我们总是眼高手低，觉得目前的工作根本配不上自己，每天最多的事情就是不停地寻找工作，折腾个没完没了，这样的结果只会让我们的人生更加辛苦，找不到人生的价值。

其实，对于工作，我们唯一要做的就是坚持，暂时没有前途或许正是自己成功的好机会，如果不努力坚持，这一辈子或许你都活在自怨自艾中。

聪明的人从来不会一直折腾，他们会静下心来把一份工作做到极致，慢慢地给自己积蓄力量，为了摆脱辛苦的人生而全力以赴。

在成长的路上不要羡慕别人，如果你能做到足够的努力，那么你的未来一定会充满光明，你的人生也一定会多姿多彩。当你对梦想坚持，那么梦想定不会舍得让你吃苦。

其实，每个人都是叶尖上的一颗小露珠，一生短暂易逝，别人之所以闪闪发光，是因为他们能一直坚持；你平淡透明是因为自己一直没有定性，你要做的不是改变而是坚持下来，只有这样，你的人生才不会太辛苦。

如果你足够聪明，那么就做自己的主宰，相信坚持的力量，当你通过努力真的改变了自己的命运，你会发现生活原来如此美好，这份好运也会一直伴你左右。

聪明的人不会向困难投降，如果你不服输，坚持走自己的路，我想你的人生一定不会太辛苦。

你月入过万，却为什么不敢花钱

大学同学晓亮想要买一台电脑，我们逛遍了整座科技城也没找到一台符合他要求的，我有些无奈地说：“你到底要买什么样的？”面对我的不耐烦，晓亮说了一堆理由，最后总结起来就是便宜、好用的。

我和晓亮在一座四线城市，这里的消费水平并不高，晓亮的工资一个月差不多1万元，但他一直不舍得花钱，就连最基本的办公用品也是挑来挑去，想尽一切办法省钱。

我说：“你都月薪过万了，还这么会过，让我们这些人怎么活？”晓亮有些无奈地说：“卡里虽然有点钱，但我真不敢花。”他说完后，我陷入了深深的沉思，到底是什么原因让我们不敢花钱？

在上班的路上，我们经常会收到一些传单，有房产的，也有汽车的，只要一看房价，我们就连吃早餐的欲望也没有了；本来想买瓶冰镇饮料喝，但只要想到自己的爱车还在4S店里“放着”，就随便买了瓶矿泉水。

在我的朋友当中几乎没有人敢月光，朝不保夕的生活让他们想想就害怕。他们每个月都把工资存到卡里，生活没有丝毫的品质可言，可即便是这样，心里依旧没有安全感。

天天祈祷不要生病，因为一旦生病，钱几乎就会像流水一样控制不住。平常的娱乐几乎都省掉了，不敢去K歌、不敢去泡吧，只要一想KTV里一小瓶啤酒就要10元钱，心里就会非常恐慌。

虽然我们有持续赚钱的能力，但是却没有敢花钱的魄力。

朋友大秦毕业后去了上海，经过10多年的打拼终于在这里买了一套房子，工作也不错，但是大秦却非常抠门。

去年年底，我去找他玩，他不仅没有带我逛遍大上海，而且都没让我吃顿好的，临别之际我说：“你都月薪几万的人，还这么抠门，小心以后没朋友。”大秦看了看我说：“兄弟，对不住了，你不知道我压力有多大。”

刚来上海，大秦意气风发，虽然工资赚得不多，但活得倒也潇洒。后来，父亲的一场大病让他们的家庭陷入了黑暗之中，也就是在那个时候，大秦才知道钱有多重要。

回来后，他开始努力工作，再也不敢乱花钱了，大秦说：

"那段时间，我最害怕的就是看有关房产的传单，我是看着它慢慢涨上去的，但我无能为力。"大秦好几次想买，但他赚钱的速度永远赶不上房价上涨的速度，为此，大秦开始了疯狂地节省。

从那以后，大秦所有的娱乐都取消了，他不再玩台球，也不再去KTV唱歌，连周末的时间都用来加班，经常在疲惫中睡去，但他没有丝毫办法。

其实，大秦之所以在生活面前屈服，是因为他越来越没有安全感，害怕自己的生活突然跌入万丈深渊，他只好拼命地赚钱。

生活确实非常艰难，在它的面前我们有时候真的无能为力。

念大学时，在国贸附近看着灯火通明的SOHO大厦时，心里一阵悲凉，自己与这个城市没有半点关系，这个城市里闪烁着无数的霓虹，而我只能蜷缩在一个黑暗的角落里。

城市人群川流不息，可他们都是我的匆匆过客。有多少次梦到自己在这里扎根，但是醒来后一切还是原来的样子。城市大了，漂泊在城市里的人很容易缺乏安全感，这种缺失只好靠疯狂赚钱来维持。

城市里的人总是行色匆匆，为了获得更多的物质，他们仿佛是一台上了发条的机器人，一刻不停地向前冲，这种生活虽让人无奈，却也毫无办法。

当房子和车子都有了后，我们依然不敢花钱，因为怕失业怕生病怕孩子上不起学，我们唯一做的还是拼命赚钱，也许只有存款才能给我们足够的安全感，在大都市生活的年轻人普遍有这种症状。

为了减轻压力，很多人选择逃离大都市，但后来发现自己不过是换了个受虐的城市而已。大城市虽然消费高但是工资高，小城市的工资要低很多，时间久了，很多年轻人开始抱怨。

虽然他们很努力，但是依然无法获得自己想要的生活，他们开始学着在生活中省钱，尽快完成所谓的人生价值，面对喜欢的东西无能为力。

朋友大秦说："虽然现在我还房贷还比较轻松，但公司最近不景气，就怕它突然倒闭。我所在的这种公司，上海每年都会倒闭上百家，如果真倒了，日子就难过了。"我知道大秦说的都是实话，突然对他非常心疼。

我们不敢花钱的原因是对未来充满担忧，有太多的后顾之忧，这说到底就是国家的保障制度还不完善，我们一直在用自己的方式寻求安全感，这样的生活肯定会非常艰辛。

如果社会的保障制度完善了，那么我觉得你不管生活在哪个城市都可以大胆花钱，尽情地享受生活带来的乐趣了，因为这时的你再也没有了后顾之忧。

把事情做到极致的人，才是人生赢家

两年前，单位里来了一位叫小松的实习生，他虽然毕业于名校，但是主任似乎没有重用他的意思。小松的工作非常清闲，每天上午帮主任打扫办公室，下午等版做出来后，他再做一些简单的校对工作。

时间久了，小松觉得自己做这些有点大材小用，对这份工作也慢慢变得有些不情愿。小松发现，他每次打的水主任几乎都不喝，虽然办公室每次都整理得非常干净，但主任几乎很少在。

后来，小松渐渐地开始应付，每天象征性地打水，简单地整理办公室，他天真地以为自己做的这些根本不重要，每天在浑浑噩噩中度过。

有一次，办公室里来了一位重要的客人，他看到布满灰尘的椅子有些不知所措，脸上有些尴尬，主任慌忙帮对方擦干净。为了化解尴尬，主任笑着说：“来尝尝我刚买的好茶。”

让主任想不到的是，泡茶的水竟然不开，面对窘境，主任有点坐不住了，对方开玩笑说：“张总，我看你得找个助理了，总不能自己干这些活吧？”主任尴尬地附和着：“是得找个助理了。”

客人走后，主任有些生气，他把小松叫到办公室问原因。小松红着脸说：“我不知道您今天回来，否则肯定不会这样。”小松说完后，主任失望地说：“难道你做的这一切都是给我看的吗？”

因为这件事，小松被解雇了。

有一次我们一起吃饭，在这期间谈起小松，主任有些惋惜地说：“其实，这个小伙子很优秀，但是做工作喜欢应付，之所以刚开始没有重用，是想磨炼下他的耐心，但太让我失望了。”

主任告诉我，做新闻的人一定要有耐性，如果不把生活中的事情做到极致，那么他根本没有资格做这种工作。工作的磨难会让他丧失寻找新闻的动力，为了完成任务他多半会采用道听途说的消息，这就麻烦了。

一个在凡事上都应付的人，没有资格谈成功。

生活中有很多人一辈子都非常努力，但从来没有得到自己想要的结果，时间久了他们会埋怨自己的能力，甚至会抱怨命运的不公。这些人有个共同的特点，做工作几乎都在应付，从来没有想过做到极致。

如果说一个人对工作的态度决定了自己的未来，那么对工作应付注定会被社会淘汰，在工作上追求完美并不难，但很多人都坚持不下来。

凡事都应付的人是可悲的，社会上有很多这样的人，面对领导交代的工作，他们以为只要完成就行了，从来不会拿出多余的时间完善。

有很多人口口声声说自己很努力，但我觉得这不过是假努力。

日本邮政大臣野田圣子，是日本内阁中的成员，也是唯一的一位女性大臣，但她的事业出发点却是从刷厕所开始的。

野田圣子的第一份工作是在帝国酒店当白领美人，在受训期间负责清洁厕所，天天都要把马桶抹得光洁如新才算及格。

但她从未做过这么脏的工作，第一天把手伸进马桶的一刻，她吐得稀里哗啦，她很快开始厌恶这份工作。有一天，一位前辈清洁完马桶后，竟然伸手盛了满满一杯厕所水一饮而尽，这件事给圣子带来了极大的影响。

这时，野田圣子发现自己厌恶的原因是根本没有把厕所刷干净，对待这份工作只是应付了事，于是她对自己发誓："就算毕生要洗厕所，也一定要做个洗厕所最杰出的人。"

因为把工作做到了极致，她也迎来了属于自己的运气，在此后的人生里事业顺风顺水，努力对待工作的人一定会得到工作最大的奖赏。

不成功的人并不是因为自己不努力，而是根本没有拿出大量的精力把事情做到尽善尽美，我觉得这样的人肯定得不到上天的眷顾。

其实，努力不代表尽力，完成不代表完善。

有两个年轻人去一家公司应聘蔬菜采购员，失败者心里非常不舒服，他跟领导抱怨，领导说："你真觉得不是自己的原因？"这位失败者马上点了点头，领导继续说："好吧，我再给你一次机会，你去帮我问问西红柿多少钱一斤。"

很快，这位失败者便把价格带来了，他笑着说："我这次很努力了，我还跟对方砍价了，最终每斤便宜了 5 毛钱。"领导并没有说话，而是让应聘成功者也去做这件事。

半天后，他气喘吁吁地回来了，看到领导后说："我都问清楚了，大量采购会便宜很多，不仅如此，很多蔬菜的价格我都知道了，这是价格表，您看看。"领导问那位失败者还有什么话说，他瞬间哑口无言。

这世界很公平，你非常努力却迟迟不成功并不是因为你没有才华，而是因为你允许自己松懈，对领导交代的工作敷衍了事，因为你对工作越来越将就，所以才会离成功越来越远。

一个人不优秀就是因为没有把喜欢的事做到极致。所以，要想取得自己想要的结果就一定要放开手脚去做让自己情有独钟的事，只有这样才能不被时代的洪流裹挟，沦为平凡的大多数。

一个人一辈子的时间和精力非常有限，因此能否把一件事情做到极致非常重要。可悲的是，在这个浮躁的社会里，许多人随波逐流，找不到自己的人生价值。

如果听说体制内工作稳定，福利待遇好，就一窝蜂地跑去考公务员，千军万马过独木桥；明天看papi酱拍视频火了，就全都去当网红，做直播。大多数人都想着走捷径耍“小聪明”，却少有人能够沉下心来，尽善尽美地做好一件事。

高效的工作能力，不是尽快完成工作，而是把工作尽可能做到完美！

有人说，选择比努力更重要。其实，在拥有越来越多选择和机会的当下，我们更需要把事情做到极致的能力，将自己喜欢的事情死磕到底，唯有这样才能做那个最棒的自己。

《暗时间》的作者刘未鹏曾说：“兴趣遍地都是，专注和持之以恒才是真正稀缺的。”如果你给自己很强的自我约束力，认真努力地完成每一件事，时间久了你一定会得到自己想要的结果。

兴趣是让你
人生开挂的动力

一年前，我开始从事自媒体写作，在这个过程中，我认识了一位叫小可的女孩。小可从小到大都很平凡，几乎没有什么爱好，唯一感兴趣的事情就是写写文章。刚开始，她害怕朋友们看到自己的文章，怕遭到朋友们的耻笑。

因为对写作痴迷，她经常在半夜里码字。她没想过投稿换钱，只是想通过写字来缓解自己生活的压力。因为每天都能做自己喜欢的事情，她非常开心，在写作的过程中她也会偶尔投下稿。

小可说："我从来没想过稿子会有个什么结果，只是安静地写出来，因为我喜欢。"无心插柳柳成荫，没想到小可投出去的稿子竟然见报了。那一刻小可非常开心，她甚至觉得这是上天给她最好的奖赏。

有了第一次的成功，小可的写作之路突然变得非常顺畅，不仅经常上稿全国各大媒体，也上过很多公众大号，慢慢地，她逐渐成了很多杂志非常喜欢的作者。

这世上没有任何困难能阻挡一个对事物充满兴趣的人，很多人的事业停滞不前，并不是因为努力得不够，而是失去了原本的兴趣，当对一切变得麻木，那么获得自己想要的结果会变得非常艰难。

兴趣才是你人生开挂的动力！

后来，小可成了很多杂志的签约作者，很多人对她充满了羡慕，但是只有小可知道自己这一路是怎么走过来的，如果没有那份执着的热爱，她也许早就放弃了。

在兴趣的指引下努力前进，才会获得自己想要的东西。

随着社会的发展，成年人的世界里兴趣似乎变得没那么重要，很多人为了生活做着自己不喜欢做的事情。当一个人为了工作而工作，那么他的生活也就失去了原本的意义。

以前认识一名画家，虽然他对画画充满兴趣，但是残酷的生活让他不得不暂时放弃，为了养家糊口，他只好学习修车。虽然白天的工作非常累，但他每晚都会画一幅画，只有这样他才会感觉开心。

刚开始，妻子一直反对，她担心丈夫熬夜会影响第二天的工作，所以经常把他的纸给藏起来。后来在他的软磨硬泡下，妻子终于又妥协了，那一刻妻子什么也没有说，而是嘱咐他注意休息。

凭借自己的努力，他终于让世界知道了自己的才能，当参加画展的一幅画获得省级大奖时，他突然掩面而泣，他说：“如果没有兴趣的指引，我不知道自己能坚持多久，感谢自己终于挺了过来。”

为兴趣而战的人都是孤独的，因为他们的爱好在别人看来根本不值一提，在这个注重结果的时代，没有人会在意你努力的过程。

让人生开挂的从来不是运气，也不是自己的能力，而是是否对某一件事情感兴趣。如果对事情充满了兴趣，那么别人的阻挠根本不算什么，我们会想尽一切办法克服前进中遇到的困难。

很多人一直追逐梦想，但是我一直觉得这个梦想是别人以为的，因为很多事情我们自己并不感兴趣，只是想在别人的眼光里活出精彩。而且我们在工作中也充满疲惫感，为了生活做着自己不喜欢的事情，这其实是可悲的。

写到这里，我突然想到了自己。我喜欢写文章，所以我会为之疯狂地努力，虽然我有一家中型超市，但是我知道这不是自己想要的，因为非常迷恋文字，所以我经常会挑灯夜战。

当然，现在我也获得了自己想要的结果，可观的稿费和心里的满足让我经常能在夜里笑醒，如果不是因为兴趣，我肯定没有动力坚持那么久。

看电影《老男孩》的时候，我突然泪流满面，这并不是因为自己矫情，而是从他们身上看到了兴趣的力量，如果没有兴趣，他们根本不会坚持下去，更不用说获得想要的光环。

其实，兴趣对一个人非常重要，它仿佛前进路上的一盏明灯，能为你照亮前方的坎坷，让你获得一个不一样的未来。

如果你对某件事情感兴趣，那么请不要在乎别人的眼光，在不影响生活的前提下继续努力追逐，我相信总有一天它会让你大放光彩，因为它才是让你人生开挂的动力。

你的问题是想得太多，做得太少

昨天，QQ 上有个陌生人加我，留言说有急事，我本以为是某个报社的编辑要转载稿子，于是很快点了同意。

加完后，这位朋友说："林老师，我是一个犹豫的男人，不知你有时间吗？我想跟你说一下我的故事。"由于对故事非常有兴趣，所以我毫不犹豫地答应了，对方便滔滔不绝地开始了。

两年前，他爱上了一个女孩，但是这个女孩不论从哪个方面来讲都比他优秀得多，因此他的心理上开始了排斥，甚至觉得自己就是癞蛤蟆想吃天鹅肉。

于是，他在心里暗暗发誓，总有一天他要取得成功，总有一天他要娶到心爱的女孩。为了这个目标他开始了疯狂的努力，两年，他几乎放弃了所有的聚会，放弃了所有的自由时间。两年以后，他觉得自己完全有能力追求这份爱情了，却得知女孩已经和他的好友结婚了。

当时他整个人几乎都崩溃了。他说：“林老师，我的这位好友根本不如我优秀，我对他知根知底，真不明白我的女神为什么会嫁给他。”

我问他，女神曾经暗示过喜欢他吗？这位仁兄毫不犹豫地说：“是的，她暗示过，但是我觉得自己配不上她，所以暂时选择放弃，没想到这么好的女孩被猪给拱了。”

我知道他说这些话的时候肯定是带着情绪的。等他稍微缓解了一下后，我说：“这都是你自找的，你的女神被撬完全是你一个人咎由自取。”他发过来一个哭的表情，但我并没有选择原谅他。

我说：“爱情是没有贵贱的，爱情真的很奇妙，有可能彼此对望了十几年却永远产生不了那种情愫，但有可能两个人只是对望了几秒钟，就彼此喜欢。女孩喜欢你，无关所有，她只是喜欢你这个人，她想要一种安全感，而这些你原本都能给她，但是你犹豫了，你选择了放弃，别人的条件可能比你更差，但是他选择追求，所以结果很明显。”

最后他问我现在该怎么办，我说：“收起你的犹豫，去寻找下一份爱情吧！”其实，在现实生活中，不仅仅爱情如此，我觉得很多事情都是这样的。

去年我陪妻子逛商场，她看上某款名牌大衣，但是价格有些贵，思前想后，妻子还是决定放弃购买，我说："不行咱就买下吧，大不了我一个月只吃泡面（虽然我们的生活没有这么糟）。"但是妻子还是犹豫，她说过几天再买吧。

回到家后，妻子非常的后悔，忍耐了几天后，拉着我去商场买这件衣服，但是导购告诉我们已经卖完了，而且这款再也不生产了。妻子知道这个结果后，蹲在地上大哭。我知道她心里肯定非常失望，但我还是觉得她活该。

之前看过一个故事，说某个人喜欢上一台电脑要一万多，但是他当时的生活有点捉襟见肘，他把自己的苦闷说给朋友听，朋友说："你连自己最喜欢的东西都不舍得买，你对生活还有追求吗？"

他想了一下觉得朋友说得有道理，便咬牙分期付款买下了这台电脑，他更加努力地工作，最后终于还清了。

若干年后，妻子怂恿他买一辆奥迪，当时他觉得妻子肯定是疯了，但看过车之后，他也非常喜欢，最后还是咬牙买下了这辆车，在以后的工作中他更加努力，积极上进，不过几年他也顺利地还完了贷款。

其实，有时候，对自己狠一些并没有什么不好，只要你敢多逼自己一把，只要你放弃没用的犹豫，我相信生活会出现更加绚丽的彩虹。

妻子生完孩子后，贫血一直很严重，医生建议她买些补血的药品，但是她从来不听，每次我问她理由她也从来不说，我真的不明白为她买调理身体的东西为什么会这么难。我越催促，她就越犹豫，甚至我们还会为这个争吵。

也许有人说你们家肯定过得不富裕，她应该是心疼钱吧，可是我要说我们家的生活水准真的还不错，我一直不明白妻子犹豫什么，后来我不顾她的反对，自己把药品拿来了，妻子在“无奈”的情况下选择了接受，吃完后，她的身体明显好多了。

后来我问她，她给我的理由竟然是怕没有用。我的天啊！后来我说：“你这么不疼自己，让我怎么来疼你？”我说完后，妻子泪流满面。

如果你喜欢一个人，那么就不要犹豫，因为这不会给你带来任何好处。当你不确定对方是否在乎你时，你就要果断地去问。

一定要坚信，这段感情即使当时夭折了，也要弄个水落石出，只有这样你才会死心，才会从没有结果的情感中走出来。如果彼此郎情妾意，那么岂不是一段美好的爱情佳话？所以你所谓的犹豫只会害了你，只会让你增加更多的痛苦，在爱情面前不会解决任何问题。

如果你喜欢某款化妆品，那么一定要去购买，如果非得找个理由，我觉得单凭“喜欢”这两个字就足够了。再者说购买之后绝对不会影响你自己的生活水准。因为这款你喜欢的化妆品会给你带来心理上的愉悦，继而让你的容颜大放光彩。

很多女人婚后抱怨老公不爱自己了，其实我想说他不是不爱你，而是不爱那个不懂得收拾自己、做事犹犹豫豫的你，有时候你明知道是这个结果，可还是依然坚持自己不“败家”的想法，我要说：“女人，你真可怜！”

犹豫有时候真的会让一个人失去原本很好的机会。当然犹豫和理性的思考没有半毛钱的关系，首先你做出的决定不要去影响自己的生活。

其实，很多时候，我们不是败给了别人而是败给了自己，遇到事情我们想得太多，担心也太多，殊不知所有的美好就在你的担心和犹豫中悄然流失，当你突然醒悟时，一切都已经晚了。对于自己喜欢的事情，不要再犹豫了，放开手脚，拥抱光辉灿烂的明天吧！

别把脾气不好
当作自私自利的借口

但凡自私的人都说自己的脾气很差，换言之就是因为自己的脾气太差，时间久了才会形成自私的性格，可我一直觉得自私与脾气的好坏根本没有关系。

每个人都有自己的脾性，形成的原因既有先天也有后天的因素。脾气差的人并不是好坏不分，也不是损人利己，但是自私自利却是绝对损人利己的行为。

三年前，我认识一个叫可可的女孩，可可看上去性格非常好，对人说话也非常温柔，但是即便这样，朋友们也不是很喜欢她，原因就是可可太自私。

遇到事情，她最先考虑的永远是自己。朋友聚会，大家说好了 AA 制，可是可可到最后结账的时候才和朋友们说自己忘记带钱了，刚开始朋友们以为可可是确实忘了，但是后来，她几乎每次都这样。

时间久了，大家知道可可是一个喜欢占小便宜的人，再出去聚会很少有人叫她。面对这种情况，可可不仅没有仔细反思自己，而是到处说朋友们有多刻薄。总之在可可的眼里，朋友们就是一群薄情寡义的人。

虽然可可的脾气很好，但是她的人缘非常差。有人说一个人的脾气里藏着她的修养，藏着她的人缘，意思就是说脾气越好的人人缘肯定也越好，但这个理论在可可这里根本不成立。

其实，一个人的脾气与自私自利真没有关系，脾气差的人未必自私，脾气好的人未必不是自私的人。

一年前，我采访当地的一位著名企业家，在准备采访工作的时候，领导告诉我这位企业家脾气有些不好，让我小心应对。

讲真，由于他脾气非常糟糕，采访的过程有些艰难，经常我问题还没有问完，他就强行打断，甚至给我指出我问的问题有多可笑，这让我当时非常尴尬。

我想匆匆结束这次采访，但是这位企业家说："年轻人，做采访一定要有耐心，当年我也是记者出身。"他说这话的时候，我当时真不知该如何是好。

采访结束后，我跟同事抱怨："真没见过这样的人，不仅非常自私，而且一点教养也没有。”我说完后，同事有些愕然，他说：“虽然他的说话方式有点让人接受不了，但他根本不是一个自私的人。”

后来，我才知道，他在当地捐助了3所希望小学，当受捐赠方想用他的名字给学校命名时，被他严词拒绝了，他有些火大地说：“我之所以捐赠是为了学生，根本不是为了徒有的虚名。”

一个脾气很糟糕的人并不一定是自私自利的人，自私的人骨子里就只会占便宜，而脾气差的人只是性格上有些缺陷。

我一直觉得，有时候做一个脾气差的人反而要好过做一个自私的人。

有人说，越是能力强的人，越是好脾气，我反而不这么认为。一个人能力的大小与脾气应该没有关系，发脾气只是一个人对外的发泄方式，等冷静下来，他们一样会想办法去解决事情。

网友小美最近和男朋友分手了，她找我哭诉的时候，我正在和朋友喝茶。当我问她分手的具体原因时，小美说：“他一直觉得我太自私，经常朝他发脾气，这一切都怪我。”虽然小美这么认为，但我觉得事实上并不是这样的。

恋人之间分手有很多可能，但这世界上大多数人喜欢把问题归结到脾气上，说受不了对方的脾气，说对方太自私，可是你们在一起又不是几个月，对方是什么样的人，难道在曾经的朝夕相处里一点也看不出吗？

我一直觉得，把分手归结到脾气上的人才是最自私的，这是他们为分手找的最完美的借口。也许，在生活中我们会因为发脾气而失去一些东西，但总比因为自私自利在朋友圈里被孤立要强很多。

有人说我们一旦发脾气，肯定在短时间内无法以一种正常的状态去和别人相处，也不可能正常地工作，这会给我们带来很坏的结果。

可是我觉得既然上天给每个人安排了脾气，其目的不可能是让我们学会隐藏，如果一直刻意收敛，时间久了对整个人的身心健康肯定不好。

社会上有很多人，总喜欢把自己的自私表现在脾气上，当别人生气时，他就会笑着道歉，并表示是因为自己的脾气不好。

可是，但凡聪明的人都知道，这种自私与脾气的好坏没有一点关系，这样的解释不过是为自己找个台阶下。

脾气差的人大都是心直口快的人，他们在处理事情中可能态度不是很好，但他们绝对不是自私自利的人。

面对别人的求助，脾气差的人虽然嘴上一直抱怨，但是他们一定会竭尽所能帮助，而自私自利的人，断然不会管这些闲事。

这世界上有很多人看不惯脾气差的人，因为他们经常对亲近的人发火，在家人面前从来不会有所收敛，但是当亲近的人遇到困难时，往往是脾气差的人第一个伸出援手，因为家人对他们的关爱，他们一直藏在心里。

脾气差的人并不自私，他只是在别人面前无法掩饰自己的情感，脾气差的人大都是善良的人。一个人在生活中如果能做到不自私自利，那么脾气差一点又何妨呢？

第三章

你所有的努力总会在某一刻绽放

你所有的努力
总会在某一刻绽放

我在一家事业单位做记者。

五年前，单位里来了两个实习生。名义上说是来实习，实际上就是来打杂的。当时领导把他们安排在了广告部，分别为两个主任服务。每天早上，在主任还没有来之前，他们会早早地为主任打上一壶开水，然后把地拖得非常明亮。

日复一日，我觉得他们根本找不到属于自己的未来。那个时候，我根本想不明白，两个人都是名牌大学的毕业生，为什么要来单位做这种打杂的活儿。后来我问其中一名实习生，我们暂且称之为小 A，我说："为什么不到一个好的单位更好地发挥自己，偏偏来这里呢？"他说："我妈说了先让我在这里锻炼锻炼，等时机成熟就能转正了。"我看他自信满满的样子说：

“这份工作你喜欢吗？”他并没有回答我，而是转身去打水了。

其实，明眼人一看就知道，小A在家里养尊处优，根本未曾干过活，刚来的时候他连锅炉里的水什么时候烧开都不知道，他只是争先恐后地跟着大家去打水。直到有一天，主任办公室来客人了，主任用小A打的水泡茶，才知道这段时间来喝的并不是开水，主任望着窗外叹了口气。由于那个时候，主任给他的工作很少，闲暇时，小A在电脑上看看电视，玩玩游戏，从来不会主动去找点事情做，无限重复着打杂的工作。

另一名实习生，我们称他为小B，从穿着上看，小B的家庭状况一般。刚来实习的时候，他性格有点放不开，每次和大家一起去打水，他都排在最后一个。有一次，有一位老编辑打完水，小B刚想去打，这位老编辑说：“小伙子，水不开了，你等锅炉的指示灯变绿就行了。”小B感激地看了看他。

我问他：“未来有什么打算呢？”小B说：“我的家庭状况不好，父亲去世得早，我想在这里好好努力，学一些适应社会的本领，让我们的家庭生活越来越好。”说完后，他腼腆地笑了，我对他竖起了大拇指。

平常在单位，小B也没有什么事，但是他会主动找事情做，想尽一切办法为主任分忧。由于是名牌大学的毕业生，他对事业的很多理解主任甚至觉得非常不错。终于有一天，主任出去谈广告带上了他。在主任和他的一起努力下，他们终于谈成了一笔棘手的广告。回去的时候，主任对小B竖起了大拇指。从那以后，主任每次出去几乎都要带上他，也许在主任的心里，只有这样他才会有安全感。

后来，小 B 从单位里辞了职，凭借自己这么多年的关系开了一家广告公司，年收入接近上千万。小 A 还是在单位里打杂，从他的脸上甚至看不到生活带来的焦虑，甚至他曾经的学识也随着年龄的增长逐渐地消失殆尽。

其实，在安逸的生活面前，每个人都有不思进取的理由，但这种想法是非常可怕的。如果你为了生活努力，那么我想生活绝对不会亏待你，或许经历的这个过程会非常痛苦，但我相信总会有花开的时候。人有时候缺的并不是能力，而是对事情的态度。你的努力上天一定会看在眼里，他会让你在某一天突然惊艳世界。

下班回家的时候，我经常路过一家汽车修理店。那天，因为天气的原因，一辆满是泥水的货车怎么也发动不了了，最后只好找拖车拖过来。车主因为当时有事情所以就离开了。车拖过来后，几个学徒工一直抱怨，我看到有一位脸上挂着喜悦的表情。出于职业的敏感性，我上去问："为什么你会如此开心呢？"他笑着说："因为这样，我又可以拿到一点提成了，这样我就可以给儿子买一个玩具了。"我笑了笑走开了。

后来，我去外地出差，再次回来后却看不到那位修理工了。我上前去询问，一位修理工抱怨着说："他已经去更好的地方上班了，也不知道他走了什么狗屎运，才来几天就被好单位挖去了。”后来，我知道，等车主来取车的时候，他把车主的车子擦拭得非常干净，当时其余的学徒工都笑他多此一举，但没想到他却因此而走运。车主开了一家物流公司，由于当天司机都出去了，他正好没事就顺带送了一次货，没想到在回来的路上，车子坏了。后面的事情，我想大家应该都明白了，车主高薪聘请了他。

很多时候，我们抱怨自己的运气太差，很多时候我们都随遇而安，满足于眼前的生活，不肯为了当时的报酬而多出一份力。当别人因此走向更好的生活水准时，我们反而抱怨命运的不公，其实我们正在撵走自己的贵人。你对事的态度里藏着自己的运气，你努力的程度决定了以后的生活水准。

记得以前看过一个故事，有一位记者采访三个砌墙的工人，第一位抱怨说自己在砌墙，第二位说自己在砌一座大厦，第三位无比自豪地说自己在建造一座城市。他们对待工作的不同，自然决定了他们的努力程度。很多年后，说自己砌墙的人还一直在砌墙，说建造一座大厦的人有了自己的工程团队，说建造一座城市的人最终拥有了一家建筑公司。其实，他们的起点原本是相同的，但是他们对事情的态度不同，有些人找不到自己的未来，不想再去努力拼搏，而有些人在坚持中努力前行，因为他始终相信自己有能力改变目前的生活。

一个人可以没有金钱，也可以暂时没有工作技能，但绝对不能没有努力下去的决心，不能没有对待事业的感恩态度。没有钱，我们可以慢慢赚，没有技能可以找机会学习，但如果你丧失了努力的决心，那么你看到所有的一切都会心生烦闷，久而久之你注定被这个多姿多彩的社会淘汰，所以说无论怎么样都加油吧，因为你所有的付出总有一天会得到成倍的回报。

你对生活的态度决定了自己的幸福

2017 年 2 月 19 日，网上有一则《跨省到北京上班》的帖子火了，很多媒体以“她每天花 225 元、近 5 个小时，跨省到北京上班”为标题进行了详细的报道。

故事的主人公叫姜京子，看完这则帖子后，我才知道她这样跨省上班已经坚持了一年，在这一年里，她几乎每天都这样奔波。去年年底她整理了近一年的车票，自己也感叹：“能坚持这么长时间，我都觉得自己挺厉害的。”很多人觉得她的生活太苦了，甚至觉得她应该对生活充满抱怨，也有人对她这样跨省上班表示钦佩，但无论别人怎么说，姜京子依然在自己的世界里坚持。

后来，有媒体问她，一向乐观的姜京子笑着说：“我觉得这没有什么，虽然生活有些奔波，路上花了一些钱和时间，但我感觉到很幸福。”她的丈夫也表示：“虽然花销多一些，但是为了一家人能在一起都值得，我觉得感情比钱重要。”我一直觉得他们之所以幸福，是因为对生活充满了积极的态度，换句话来说他们对生活的态度决定了自己的幸福。

面对不如意的生活有些人选择积极地去面对，他们认为无论怎样，生活总是朝着好的方向发展。也有些人对生活充满了抱怨，整天待在自己的狭小空间里自怨自艾，时间久了整个人会越来越消极，他们的生命也就失去了应有的价值。

会生活的人，生活会给你带来世界的温暖；不会生活的人，生活会让你陷入万丈深渊。

去年，我们单位里来了一位叫小松的实习生。小松的家庭状况不好，但是他一直非常乐观。有一次领导让我带他去做采访，临走的时候，领导说：“小松这孩子不容易，你多帮帮他。”采访的过程中，小松总是能恰到好处地问一些问题，这让我有些惊讶。

一起吃饭的时候，我才知道了关于小松的事。在他十五岁的时候，父母在一场车祸中双双去世。那个时候的小松正好处在青春的叛逆期，父母的去世对他打击很大，他甚至觉得自己就是上天遗弃的孩子。他开始抱怨生活，抱怨命运的不公，开始让自己变得不可救药。

五年后，爷爷去世了，小松才重新振作起来。看着年迈的奶奶，小松知道自己必须改变了，就在一刹那，小松仿佛变了一个人，他立志要做一名记者。他开始努力做家务，努力学习，对生活充满了积极的态度。他改变后，凭借扎实的基本功很幸运地被单位领导发现了。

我问他："未来有什么打算呢？"小松说："我想在这里好好努力，学一些适应社会的本领，让我的奶奶能够安享晚年。"说完后，他非常乐观地笑了。

其实，在生活面前，每个人都有属于自己的态度。

如果你为了生活努力，那么我想生活绝对不会亏待你，或许经历的这个过程会非常痛苦，但我相信总会有花开的时候。很多人并不是自己的能力不行，而是对生活的态度不行，一味地抱怨只会让生活更加糟糕。

我有一个朋友家庭生活条件非常苦，他虽然学习很好，但由于家庭原因不得不辍学。那段时间他抱怨过，抱怨生活给他带来这么大的磨难，根本找不到属于自己的幸福。

由于大家都忙，我们很长一段时间不再联系，但是我没想到我们却在一所重点中学里遇到了。通过简单的寒暄，我才知道他现在是这所学校的历史老师。对于这所学校，很多人做梦都想来任教。

我很惊讶地问他是怎么做到的，他说："刚辍学那会，我确实对整个世界都失望了，对未来的生活一点信心也没有，每天跟父母一起去田间劳作。当时整个人非常麻木，一段时间后我不想这样继续生活下去，于是选择了自考。后来我考上大学后，因为专业知识非常牢固，所以就来这里了。”

我永远记得他对我说的话，他说：“一个人可以做生活的奴隶，但也可以做它的主人，只要对生活充满信心，我相信一切都会变好的，即使短时间内达不到自己的要求，但也一定会有一个很好的质变。”对于他的这些话，我从心底里表示认同。

其实，每个人的生活里都藏着一个贵人，当你积极地去面对时，他就会出现。

生活对每个人都是公平的，当生活的磨难来临时，每个人对生活的态度决定了他以后的幸福水准。会生活的人会让生活变得充满温馨，不会生活的人会让生活充满悲伤。

在人生的道路上，每个人都不可能一帆风顺，都会或多或少地遇到一些让自己无奈的麻烦，我觉得这些其实就是生活对你的考验。面对生活的不如意，你可以气急败坏地抱怨，但这仿佛并不能改变什么。

常常抱怨生活的人，他们真的过得不好，因为一个人过得好不好，其实跟生活的磨难没有一点关系，而是跟对生活的态度有很大关系。

我一直觉得只要一个人在生活面前有一个好心情，有一个对生活积极乐观的态度，那么他的生活就是幸福的，他也就成了生活的主人。人过得好不好，生活的磨难并不是最重要的，对生活的态度才是最重要的。如果你的态度是阳光的，那么生活就会充满阳光。如果你的态度是灰暗的，那么你的生活就会暗无天日。

在人生的道路上，也许你改变不了生活的磨难，但你完全可以改变对生活的态度，因为这是你幸福下去的唯一保障。

浪费的时间里
藏着自己的未来

同事是个电视剧控，为了追剧经常熬夜，第二天工作起来就无精打采，险些酿成大错。为此，领导专门找她谈话，虽然她表面上认错了，但心里一直不服气。

一次，我们一起吃饭，我委婉地劝她，但是她根本不听，却说："领导真是多管闲事，晚上的时间是属于我的，我想怎么浪费就怎么浪费。"对于她的论调，我有些头大，甚至觉得她有点狗咬吕洞宾。

很长一段时间，她虽然在工作上并没有出错，依然追逐着自己喜爱的电视剧，但是领导看她的眼神变了。以前，领导有工作第一个会叫她出去办，但是现在几乎从来不找她。我跟她说这事的时候，同事说："多一事不如少一事，这样我多清闲啊。"

去年单位招聘，来了一位叫宁子的小姑娘。那段时间她经常主动要求加班，总是第一个来最后一个走，时间久了领导对宁子非常满意，当有事情时他第一个想到的人就是宁子，但此时同事还沉浸在自己的肥皂剧里。

后来，宁子竟然莫名其妙地成了同事的上司，为此她非常委屈，哭着和我说："这小姑娘到底哪里比我强，凭什么我得让她管。"平心而论，不论从资历还是能力方面同事确实比她强很多，但最后的结果却恰恰相反。

其实，同事并不是输在能力上，而是输在对时间的浪费上，她把空余的时间全部浪费在了不相干的事情上，她也注定会得到这种结局。虽然对这个结果非常不甘心，但是她没有丝毫办法。

很多人以为自己仅仅是浪费时间，殊不知他们正在浪费自己的未来。

合理规划时间的人注定是会生活的人，也注定会成为人生的赢家。一直浪费时间的人，他们的生活会一团乱麻，人生的道路也会充满坎坷。其实，从一个人浪费的时间里完全能够看到他未来的样子。

单位里去年有一位姑娘拿到了美国一所著名大学的offer，同事笑着说"这小姑娘不仅聪明而且运气也好，真是让人羡慕。"她说完这些话后，我有些吃惊："难道你看不到她平常的努力和对时间的安排吗？"我说完这些后，同事并没有说话。

对于这个小姑娘我印象很深，平时这位小姑娘跟大家一样上班、下班。周围人聚到一起吐槽行业不景气的时候，她从来不多说，而是努力地做着属于自己的事情。

下班之后她不停地给自己充电，在提高英语水平的同时准备各种申请材料。大学毕业之后，她并没有把学习放下，而是依然带着热情提升自己，给自己镀了一层又一层金。

不仅如此，这位小姑娘受到不公正待遇的时候，也不会喋喋不休地抱怨。有一次，同事和她闹别扭，我明明看到根本不是她的错，但小姑娘没有争论半句，而是微笑着和对方道歉，后来我才知道她之所以这样，是因为她的时间太宝贵了。

就像她说的，现在荒废的每一个瞬间，都是自己的未来，我要用自己没有荒废的每一个瞬间，去换取自己更闪耀的未来。

其实，我非常羡慕这位小姑娘，因为她不论何时都能合理地安排好自己的时间，把别人浪费的时间最大限度地利用起来成就自己辉煌的人生，我觉得这样的人想不成功都难。

在我们的人生道路上，总会听到身边的人说想充分利用自己未来的时间，但这仅仅是说说而已。

我一个朋友最近想减肥，但是她总说自己没有时间，而事实是她把大量的时间都用在了追剧和购物上。每当有朋友提醒她时，她会笑着说：“这段时间太忙了，下班后只想好好休息一下，等过段时间一定努力减肥，你们就等着看我的完美蜕变吧。”时间久了，她甚至忘记了减肥这件事。

我们很多人都会为自己的未来设定时间，比如下个月开始减肥；等忙完这阵儿就好好学习；等结婚之后就早睡早起；等状态好了就开始锻炼；等周末再看书，等等，但这些设定不过是在自欺欺人。

事实上，我们所浪费的时间就是在预支自己的未来。

时间真的很宝贵，我们根本没有理由去浪费。等到别人有选择而自己没得选的时候，我们才发现自己的今天不过是在重复昨天，时间久了，自己想要的生活终将化为泡影。

很多人说，荒废人生是件大事，但我们却在不经意间把它变成了小事。

其实，我们有很多空余的时间，但是这些时间我们总是拿来挥霍。我们天真地认为仅仅是错过了一个瞬间，因此，并没有觉得错过什么，但殊不知每一个瞬间加起来，就是整个人生。

也许你还会在每一个早上无聊地刷朋友圈，在空闲的午后胡思乱想地发呆，下班后，会继续看无聊的偶像剧和广告，甚至在工作时间都心不在焉，如果真是这样，那么我觉得你的人生真的毫无意义。

很多人抱怨未来的不公平，明明自己非常努力为何还与别人存在很大的差距，我想导致这种差距的，应该就是你所浪费的时间。

下班之后，有的人看肥皂剧，有的人健身和看书；早上醒来，有的人躺着刷刷微信，有的人读报看新闻；周末，有的人胡吃海喝睡懒觉，而有的人继续选择学习。或许一天两天我们根本看不出有什么差别，但一年两年之后，我相信一定会有所不同。

如果你还没有意识到时间的宝贵，那么你的未来注定也不会美好。如果一个人能把工作之余的时间利用起来，不断地给自己的人生充电，那么他们一定能提升自己，改变生活的品质，让自己的未来充满阳光。

你终将会成为
让自己仰慕的人

夜晚的城市有些宁静，在灯红酒绿的城市颜色中，我再次遇到了同学小周，只是现在他有些沉默，也不会再和我谈梦想，但依旧是我最佩服的人。

几年前，小周大学毕业，凭着一腔热血在上海闯荡，住惯了地下室，受尽了别人的白眼，但他依然意气风发。那时小周对我说：“你知道梦想的力量吗？我想它足以让我的人生大放光彩。”

可是，仅仅几年，他完全变了个样子，在生活巨大的压力下，他仿佛变成了一个陌生人，也许真是岁月磨平了他的棱角。

后来，我才知道，很多意想不到的事情总是会在一瞬间毫无征兆地发生。小周家里出了变故，父亲车祸去世，母亲瘫痪在床，而那个时候小周正处在事业的上升期，权衡利弊后小周还是选择了回家照顾母亲。

在同事们惋惜的目光中，小周一人坐上了回家的列车，家庭的变故让他突然知道一个男人的责任并不是仅仅在事业上。小周和我说："讲真，我很爱我的事业，但我更不想树欲静而风不止。"他刻意没有说后半句，其实我知道他心里的苦。

岁月会让一个人成熟，但永远不会改掉他的初心。一个人总是能在最后的时候发现自己到底想要什么，如果真的要拿一些代价昂贵的东西去交换，我想那真的是可悲的。

世人总是教我们如何成功，总是让我们追赶马云的脚步，仿佛只有那样才会光宗耀祖，可是我一直觉得孝反而更能代表一个人的人生高度，懂得孝的人绝对会值得世人仰望。

三年前，我离开当地的报社，在众人的冷嘲热讽中选择了创业，为此父亲甚至一个月没有和我说话。讲真我喜欢体制内的安逸，可我总觉得生命过得毫无意义。

我永远忘不了那天，城市的上空飘着雨，这让我的离开有些伤感。讲真那个时候的自己真的不知道能做什么，只是觉得仅有一次的人生，我必须酣畅淋漓地活。

很多人以为离开单位后我再也不会写文，但没想到离开后我做得最多的还是写文，其实父母从来不知道我离开的真实原因，他们甚至以为我让他们丢尽了面子。可是我骨子里清楚，陪伴对他们到底有多重要。

后来，我开超市一直把他们带在身边，目的就是想延长此生和他们相处的时间，这份缘分以后怕是再也修不来了。

其实，衡量人生高度的从来不是事业。这世上有很多人不会按照大家期望的那样活着，但无论怎样，面对这仅有一次的人生，只要能活出精彩，我觉得那就足够了。

在匆匆的岁月中不忘初心，不要让所谓的世俗迷失了自己的眼睛，每走一步都要知道自己想要什么，这应该才是真正的人生高度，这个高度值得我们去仰望。

每个人的一生都是一部传奇，但很多时候我们总是放大了很多无用的东西，这让我们一直活在别人的世界里，甚至忘却了怎么做自己，更不用说成为自己仰慕的人。

其实很多时候，我们就是自己生命里的主人，而自己的人生到底会达到一个什么样的高度，没有人会过多关注。他们不会在你失败的时候给你鼓励，更不会理解你对生命的定义。

成功了，光宗耀祖；失败了，冷嘲热讽。然而生命的真正过程并不是这个样子，这仅有的人生只要你用自己最大的能力走过，那么你就是那个值得仰慕的人。

以前在单位里时，我一直很佩服徐姐。她是我们的部门领导，做事非常果断，不仅领导赏识而且也能很快和我们打成一片。在她的带领下，领导吩咐的事情，我们总能第一时间完成。

有一次，我们一起吃饭，我才知道徐姐是远嫁的女人，她的娘家在东北的某个小城。在饭桌上徐姐问我：“到底什么才能衡量一个人的人生高度？”我以为徐姐想考考我，因此就说了一大堆人生理想之类的话。

我说完后，徐姐摇了摇头，她说：“人生的最高境界就是一个人是否活得明白，虽然我事业小有成就，但我付出的代价太大了。”

徐姐流着泪说：“因为工作，父母我都没能见最后一面，你知道我心里当时有多愧疚吗？有那么一段时间，我甚至想放弃所有，静下心来寻找曾经的自己，可是即便这样，我再也回不到从前。”

徐姐说完后，我才知道原来她也有那么多苦。很多时候我们被世俗影响太大了，以为如果不好好工作就对不起家庭，就对不起自己的梦想，因此在人生的道路上，我们用尽力气，可是最后我们的人生仿佛错过了很多东西。

我辞职那天，徐姐说：“好好寻找自己，莫负了曾经的初心，在未来的日子里重新寻找自己人生的高度，多陪陪父母，未尝不是一种幸福。”徐姐说完那一刻我潸然泪下。

昨天，好友茉莉选择了辞职，茉莉说：“我做了整整八年的记者，但我从来没有真正地做过自己，余生我一定不会再在乎别人的眼光，一定要活出精彩。”我笑着说：“你终于要成为让自己仰慕的人了。”

其实，一个人的人生舞台不是在别人眼中，而在自己心中。一个人在自己舞台上的表演，并不是为了别人的掌声，而是为了与自己心灵的广度和深度相适应。

在生活中，无论我们做什么事情，总会得到别人的非议，也总会得到大家的掌声。我一直认为别人的非议并不能说明自己是错的，别人的掌声也不代表自己是对的，他们的判断标准永远代替不了你自己。

你对生命是否付出过，这不在别人眼中，而在你自己的心里。如果为了得到别人肯定，而违心地做一些自己根本不喜欢的事情，我想这真的很可悲。

你的人生是否达到一定的高度，也不是别人说了算，你努力付出的和你所受过的苦一定会做出最好的证明。其实，我们的人生真的不需要别人指指点点，对于别人的评价，我们完全可以一笑置之，因为我们要成为自己而不是别人仰慕的人。就像穿衣一样，冷暖自知，至于别人眼中的你是什么样子，那又有什么重要的呢？

亲爱的，
你只是在朋友圈里很努力

去年，闺密格子更新了一条朋友圈："在这个春天，我要努力减肥，争取在夏天能穿上漂亮的裙子。"在此后的时间里，格子几乎每天都发跟减肥有关的文章，让人感觉她很励志！

三个月后，我再次见到她，突然发现她不仅没有减掉肉肉反而比以前更胖了，我有些惊讶地说："你不是在努力减肥吗？难不成是反弹了？"格子笑着捶了我一下说："就你哪壶不开提哪壶。"

格子没能如愿地减掉身上的肥肉，也不能穿漂亮的裙子，当我问她为什么不坚持时，格子说："我这人是易胖体质，根本减不掉的，所以就放弃了。"原来她所谓的努力只不过是在朋友圈做做样子。

在以后的时间里，格子每天还是一如既往地吃高能量的食物，也从来不运动。由于她经常在朋友圈里转发减肥励志的文章，给大家造成了一个假象，让大家误以为她正在努力减肥。

我一直觉得在朋友圈里努力的人是可悲的，因为他们总能为自己的三分钟热度找到借口，出现任何问题，她们都不会从自己身上找原因，而是罗列出一堆的客观因素。

在朋友圈努力的人其实只是为了刷存在感，自己根本没有付诸实际性的行动，当事情发展得不能如自己所愿时，他们就会充满抱怨，觉得自己的努力白费了，可事实他们什么也没有做。

小北是我见过最胖的女孩。有一次我们一起聚餐，大家谈起减肥，当有人说一胖毁所有时，我明显看到小北有些尴尬。那顿饭她吃得索然无味，离开后，小北对我说："姐，我一定要瘦成一道闪电。"

对于小北的决心，我除了礼貌性地赞许外并没有多说什么，因为我觉得这根本不可能，这需要超出凡人的毅力。

在未来的两年里，我再也没有见过小北，她的朋友圈也停止了更新。同事向我打听小北的情况，我说："她最近在减肥呢。"同事不置可否地说："骗人的吧，她那么胖怎么可能减下来？"其实，不单单同事这么认为，我也觉得这都是小北的一厢情愿。

有一天，我正在和闺密吃饭，突然有个女孩坐了过来，看到我脸上有些惊讶，对方说："姐，你不认识我了，我是小北啊？"当她说完后，我和闺密都怔住了，眼前这个女孩非常瘦，很难拿她和曾经胖胖的小北相比。小北说："我说过要瘦成一道闪电的。"

即便这样，闺密还是有些不相信，她嘱咐小北千万不要乱吃减肥药，这样副作用会很大的。当小北告诉我们她一粒减肥药也没吃时，我们都对她竖起了大拇指。

原来，那段时间小北关闭了朋友圈，拒绝了所有美食的诱惑，让自己疯狂地运动起来，虽然有时候很痛苦，但是凭着坚强的毅力她还是挺了过来。

其实，所有人前的美丽都是人后疯狂的努力！

有时候在表面上我们看不到别人的付出，以为他和我们一样，直到他们取得了很大的成就后，我们才知道别人为了梦想到底付出了多少。

很多人喜欢把自己的努力做给别人看，因此他们不停地在朋友圈里炫耀，可我一直觉得这样的人真的很可悲。一个人自己的事情为什么一定要得到别人赞扬才觉得有意义，仿佛我们所有的努力都是为了别人。

你不断在朋友圈里说自己有多努力，然后呢？在成年人的世界里谁不是为了自己的未来努力奋斗着。每个人的未来都会充满艰难险阻，这就要看你怎么来解决。

其实，一个努力追逐梦想的人真的值得赞扬！

这世上有一类人真的很讨厌，哪怕受到一丁点儿苦也会大声说出来，生怕别人不知道他有多委屈，为梦想付出了多少努力，可这一切有什么意义呢？真正功成名就的人会隐藏自己的锋芒，一步步地扫清通往成功路上的障碍。

在朋友圈里诉苦的人其实不过想得到安慰，但自己的路即使含着泪水也要走完，因为那是你的梦想，如果你吃不了生活中的苦，那又怎么会得到这份甜呢？

在通往成功的路上，你注定是孤独的，请不要一直把你的伤疤展示给大家看，因为这毫无意义，你要做的就是努力前进，如果真是这样，我相信你一定会看到自己光辉灿烂的未来。

看看一个人的朋友圈，
就知道他的人生了

微信朋友圈的力量到底有多大？我可以毫不夸张地告诉你，它已成为了你日常生活的主宰，离开了微信，我们仿佛丢掉了自己的灵魂。

有人说，朋友圈不仅是一种时尚而且还会给我们带来大量的帮助，能在我们未来的事业上起到助力的作用，但也有人说朋友圈里的人员鱼龙混杂，根本从中学不到任何东西。

其实，朋友圈只是一个微小的媒体平台，它的作用是因人而异的，换句话说你朋友圈里的人决定了你的价值观念，也会影响你未来的生活。

我是一名写作爱好者，所以我的朋友圈里大多都是爱好写作的人，我每天会花大量的时间和别人探讨文章，从而发现文章的不足，争取让自己在写作上取得更大的进步，小心翼翼地守护着这块属于自己的自留地。

如果朋友圈里偶尔出现几个微商，我便会深恶痛疾，总是用最快的速度把别人删除，因为我知道和他们交流只会浪费我的时间，从他们身上我也丝毫得不到自己想要的东西。我的朋友圈里几乎都是写作方面的高手。

其实，一个人身份的高低，真的是由他的朋友圈决定的。如果朋友圈里的人足够优秀，那么他的未来一定不会太差，他们在朋友圈中聊的都是能很好促进自身发展的问题，换句话说，好的朋友圈能给你的人生镀金。

我有一个师兄，是典型的创业狂人，大学毕业后他凭借自己的能力很快在一家大公司立足，但是做了仅仅半年，他就选择了辞职。对于他的决定我真的觉得有些冒险，但他笑着说："趁着年轻，多拼搏一把总是好的！"

师兄创业后，很快重新整理自己的朋友圈，以前一些基本不联系的朋友他全部删掉了，一直抱怨创业有多苦的朋友他删掉了，每天无聊地自拍晒娃到处旅游的朋友也删掉了。为了实现自己的梦想，师兄开始了自己全新的人生。

很快，师兄的朋友圈里几乎都是充满正能量的人，每个人每天都有很高的工作激情，师兄说："只有在这样的环境中，我才知道自己做什么，遇到苦难我才不会给自己退缩的理由。"

有一次，我们一个共同的朋友在微信找不到他，这个人在大学里和师兄是最好的兄弟。当我问师兄为什么把他删除了时，师兄说："我和他还是最好的兄弟，但是他每天都在朋友圈里抱怨，缺乏正能量，这让我感觉非常不舒服，因此就删除了。"

后来师兄告诉我，那段时间他最看不惯别人的抱怨，因为自己正铆足了劲儿追求梦想，他害怕朋友的负面影响会影响到自己，他怕自己会在创业的关键时期失败，因此他只能让自己的朋友圈充满正能量。

在这种努力下，师兄终于创业成功。和他一起喝庆功酒那天，师兄说："在朋友圈里，你必须找到和你一样的人，他们不仅是你亲密接触的优秀者，而且每天还让你和更多优秀的人朝夕相处，他们能给你带来意想不到的收获。"

"你有什么样的朋友圈就注定会有什么样的人生层次"，这句话我非常喜欢，在人生的道路上一个渴望成功的人肯定会先在朋友圈里扫除自己的障碍。

一年前，我认识一个女孩，那个时候的她身材有些胖，在朋友们的嘲笑中过着自卑的生活，本来我想跟她说一个人胖真的没有什么，只要能体现自己的价值就够了，但没想到她说："你没有胖过，所以从来体会不到一个胖子的痛苦。"讲真，她的这句话让我无言以对。

后来，她励志要减肥，当做出这个决定后，她马上开始清理自己的朋友圈。以前在圈子里卖减肥药的人统统被她删掉了，吃不了苦一直抱怨的人也被她删掉了，很快她的朋友群里只剩下减肥的达人。为了激励自己她还保留了几张肥胖者的照片，她说：“我之所以这样就是为了告诉自己如果坚持不下来会多丑。”

减肥成功后，这位女孩对我说：“其实，每个人都完全能坚持做好一件事，之所以做不好是因为我们总抱有侥幸心理，觉得这世界有很多人和自己一样，但当你的朋友圈里只剩下优秀者时，那么你再也不会给自己逃避的理由了。”

删除朋友圈里不相干的人实际上藏着一个人的智慧，你无用的社交只会浪费你的时间而不会给你的人生带来质的改变。

如果朋友圈里的朋友对你没有帮助，那你还不如尽快删除，大家道不同不相为谋，尽早相忘于江湖，总比留着尴尬强！

微信的普及让很多人有了自己的圈子，有的人在圈子里成就了自我，而有的人却一直在徘徊。普通人的微信圈子，谈论的是闲事；生意人的圈子，谈论的是项目；事业人的圈子，谈论的是机会，圈子不同注定结局也不会相同。

在人生的道路上，只有找到属于自己的朋友圈，才会取得想要的成功。也许你觉得通过朋友圈去认识一个人太不靠谱，因为大家都会刻意去美化自己在网络上的形象。比如有很多女孩用美颜相机美颜自己，让别人根本看不出。但时间久了总会原形毕露的，你肯定也会尽快把对方删除。

我们朋友圈分享的内容决定了能吸引到哪些人，而这些人和我们的互动又决定了会获得什么样的知识，拥有什么样的人脉，而知识与人脉又会直接决定我们的未来发展，最终决定我们要过怎样的人生。

从今天开始，你一定要好好打造自己的朋友圈，因为这里面真的藏着属于你自己的未来。

不浪费别人的时间，就是帮别人省钱

昨天我正在写一篇约稿，闺密小北打电话让我陪她逛街。讲真，当时我真的想拒绝，但又怕刺激到她的脆弱的玻璃心，因此便勉强同意了。

但没想到自己的一时心软竟然让她越来越过分，在后来的一个月之内小北竟然约我逛了 5 次街。虽然每次我都很忙，但是碍于朋友的原因，我还是欣然赴约，最后的结果是杂志社的很多约稿我都没有完成。

当她再次给我打电话的时候，我说："亲，这次我真的有事，要不咱就下次吧。"没想到我的回答让小北非常不满意，她在电话里说："不就是让你和我逛个街吗？好像我借你钱似的。既然你忙，我就找别人吧。"她说完后，我突然有些不知所措。

那天，或许大家都非常忙，小北最后也没有找到陪她一起逛街的朋友，最后她在朋友圈里发了感慨：“真不明白自己交了些什么样的朋友，关键时刻没有一个人肯陪自己。”

对于小北的感慨，大家都没有给她回复。我本想打电话安慰她一下，但拨出号码后我又马上挂掉了，因为我不知道自己能说什么，我的做法甚至有可能会让两人之间的关系更加糟糕。

其实，每个人都有自己的事情，我们不可能一直陪在某个人身边，也不可能成为某个人的小跟班，等待他的随时召唤。

但凡努力的人，几乎每天都在与时间赛跑，因此他们根本不舍得浪费时间。

拿出时间做自己不想做的事情，是因为我们把彼此之间的感情看得很重要，所以才会牺牲自己的时间帮别人。

在现实生活中，我们有些时候真的身不由己，明明不想做却碍于情面不忍拒绝，但即便这样，你所做的在别人看来却是应该的，只要你拒绝一次，她们就会觉得你太不好相处。

网络上有一句很风靡的话：“人家帮你是情分，不帮是本分。”可有些人偏偏不这么理解，他们总以为自己的时间才是最宝贵的，别人的时间根本不值一提。

每个人都有自己的事业，他们不可能为了你而放弃自己的事情，如果你一直浪费别人的时间，那就是谋财害命。这个世界上没有谁的世界为你二十四小时守候，甚至包括你的父母。

前段时间，一位好久没联系的朋友让我在朋友圈给他点个赞，说为了给宝宝领个礼物，我想反正是举手之劳，就欣然同意。我本来以为他只是偶尔让我帮个小忙，但是没想到这只是开始。

一天，我突然接到他的电话，他在电话里非常生气，原因就是我没有给他某一条朋友圈点赞。讲真，我平常工作很忙，所以就给忘记了，为了让他消气我马上道了歉，他才罢休。

有很多人总是在求你的时候说尽好话，用不到你的时候就再也不联系，只要你的做法让他稍微不满意，就会非常生气。我真的不明白，我又没有把时间卖给你，凭什么要忍受你的不满。

去年单位里来了两个实习的小姑娘，被领导非常看好的小A最后竟然没有留下来，而一直被大家忽略的小B却留了下来。后来我才知道，他们两个人进单位后，小A遇到事情后，总喜欢麻烦别人，哪怕遇到一丁点小事也会到处问个不停。

时间久了，单位里很多人都被小A打扰过，甚至有些问题都问了好几遍还记不住。小B一直不喜欢麻烦别人，当遇到问题，她总是尽自己最大的努力解决，实在无法解决，她才会去问同事，然后把别人告诉她的解决方案记到小本子上，下次再遇到就能自己解决了。

实习一段时间后，她们参加单位最后的考试，由于小A一直喜欢麻烦别人，所以看到问题时，她根本不知道如何回答，而小B却能很轻松地解决问题，最后留下也就在意料之中了。

其实，不麻烦别人不仅能帮别人省钱，还能为自己赢来运气。别人并不是你的救世主，你自己的未来永远藏在自己的努力中。

鲁迅说，“生命是以时间为单位的，浪费别人的时间等于谋财害命”。一个一直无端浪费别人时间的人，他的人生肯定也不会有什么大出息。

其实，时间对每个人来说都很宝贵，如果没有特别重要的事情，尽量不要去打扰别人。人生路上，艰难困苦，谁都无法忽略。如果能够自己解决的事情，最好不要去找别人帮忙。

最近和几个公众号签约，因为深知编辑们都很忙，所以我从来不刻意地去打扰，让我最反感的就是经常有人问我：“在吗？”说实话，每当看到这几个字，我真不知道如何回答，有时候我回答在，对方却很快就没有下文了。

现在社会，大多数优秀的人都在与时间赛跑。我深知，时间对于他们真的很重要，当然，如果你们双方很铁，完全可以多寒暄几句，这样不仅非常有礼貌，而且还有利于友谊的加深巩固。

讲真，在我忙碌时，我真不希望别人拿一些小事来麻烦我；如果真有事情，我希望对方能耐心地等待。当然，如果我要去麻烦别人，也会选择合理的时间和方式，因为我不想谋别人的财。

总有那么多人有时间去风花雪月，去抒发无尽的欢乐与哀愁，有时间去关注他人的家长里短，也有时间在意自己脆弱而敏感的情绪。在我看来这就是对时间最大的浪费，既然你愿意，别人为什么要陪你？

跟时间赛跑，就能取得成功，这并不是一句毫无道理的废话。我一直觉得浪费别人的时间真的很可耻，不浪费别人的时间，其实就是为别人省了钱。

不刷朋友圈的人有多赚

前天，我在知乎上看到一个提问：你每天在朋友圈里刷多长时间？问题一出，不少朋友展开了热烈的讨论。从讨论的结果来看，他们刷朋友圈的时间差不多都在两个小时。这么说来他们一年至少要拿出700多个小时刷朋友圈。知道这个结果后，我突然有些不知所措，因为我每天刷朋友圈的时间也差不多两个小时。

朋友圈到底要不要刷？

对于这个问题有人说这一定要刷，因为自己劳累了一天，刷朋友圈是最放松的时候，对于这类说法，我一直觉得有些偏颇。休息放松的方式有千百种，为何非得要刷朋友圈？何况刷朋友圈更不会让自己得到应有的休息。

同事小董是一个酷爱刷朋友圈的人。有次我们一起吃饭，我说："你每天在朋友圈里都做什么呢？"小董说："其实也没有什么事可做，但刷朋友圈是一种时尚，大家都会，你要是不刷多没面啊。"

刚开始刷朋友圈的时候，我也觉得非常好，每次都有很多志同道合的人一起聊天，一起相互点赞，一起吹牛皮，但除此之外，我并没有发现它给我的生活带来什么改变。

朋友圈里的人到底都是做什么的？

每天打开朋友圈，里面有卖各种东西的，有各种励志的文章，有各种搞笑的视频，有各种教你撩妹的技能，但唯独没有未来生活的样子。每当如此我都觉得很惭愧，但依然改变不了每次刷来刷去的冲动。

其实，朋友圈里没有你的未来，有的只是吞噬你时间的现在。

朋友L经常刷朋友圈，每天早上睁开眼，第一件事就是看看朋友圈里的风吹草动，看看是否有好友需要点赞，是否有搞笑的视频出现，最重要的是看看有没有好友@自己，仿佛只要离开朋友圈她的生活就会陷入万丈深渊。

匆忙地洗刷后，L小跑着去追公交车，每次都把自己累得够呛。由于经常刷朋友圈，她的眼睛经常疼，领导安排的工作也心不在焉，感觉自己每天都在混日子。但等下班后L就突然之间满血复活了，匆忙地吃个饭，洗个脚，然后躺在床上开始看朋友圈，每天几乎都看到午夜，第二天在睡眼惺忪中继续重复昨天的生活。

有一次，我好心提醒她，没想到L说：“你懂什么啊，像你这种对生活没有追求的人怎么会知道朋友圈的诱惑呢？”说实话，她的回答让我有些哑然。因为朋友圈里我真的看不到生活的样子，我看到的是大家彼此的相互抱怨，看到他们对生活充满了失望。

经常刷朋友圈的人已经忘了生活的样子，他们的世界甚至会变得不可理喻。出现事情，他们从来不从自己身上找原因，因为朋友圈里真没教他们这么做。

后来，L在工作中出现了错，老板毫不留情面地把她开除了，为此，L说：“这老板真是让人无语，谁没有点小错误啊，至于动真格的吗？”说实话，她的这些话让我大吃一惊，明明是自己的错，为何要怨老板？

不刷朋友圈的人到底有多赚？

去年，我认识一位精神矍铄的企业家，在聊天的过程中，我们偶尔谈到了微信朋友圈。我说：“您在家经常刷朋友圈吗？”他看着我有些惊讶：“微信朋友圈是什么？”在我努力的解释下，他终于明白了。

这位企业家笑着说：“小伙子，我平常很忙，很多时候我们的联络都是靠电话的，有事情打个电话，没事情大家做自己的事业。”后来我才知道他的生活与朋友圈没有半点关系。

每天早上，这位企业家会在6点起床，坚持跑5公里，然后美美地吃一顿早餐；上午，在公司里处理一些文件，闲暇时，会坐在椅子上稍微休息一会儿；等晚上他吃完饭后和老伴一起散散步，回家躺在床上看一会儿书，生活真是规律得让人羡慕。因为经常锻炼和休息到位，他的身体非常好，思维也非常活跃，在同龄人当中成了佼佼者。

当我起身告辞的时候，他说："朋友圈里的生活是虚幻的，我们总要活在现实中。"

其实，每个人真的都很累，生活带来的压力让人有些吃不消，面对这种残酷，我们怎么还会有心情把时间浪费在朋友圈里呢？

前段时间我也一直刷朋友圈，这让我的颈椎和眼睛都特别疼，后来我发现刷朋友圈其实并不是休息。

同事小刘最近获得了出国留学的机会，当消息传到大家耳朵里时，我们简直不敢相信。当我问她是怎么做到的时，小刘轻描淡写地说："其实真没有什么窍门，我只是把你们刷朋友圈的时间拿来学习了。"当她说完后，我才恍然大悟，原来刷朋友圈的时间里真的藏着一个人的未来。

我们都期待有一个美好的未来，但是我们并没有为这份美好付出多少，甚至天真地以为它会自己跑到生活里。

不刷朋友圈是一种对生活的态度，也是对未来的承诺。

有很多人对朋友圈非常依赖，几乎每天刷到凌晨，这让他们在第二天的生活中精力非常不集中，在工作上虽然暂时不会出错，但总有让自己吃不了兜着走的时候。

如果不刷朋友圈，我们总是担心自己会错过什么，而事实上我们不会错过任何事，朋友圈也不会因为你的过度关注而发生新的变化。

其实，经常刷朋友圈的人都是有重度依赖和强迫症的人。

如果不刷朋友圈你觉得没有事情可做，那么我建议你把空余的时间用来学习和健身。我相信时间久了，你一定会变成一个让人羡慕的人，你的未来也一定会光辉灿烂。

那个一直自律的女孩过得怎么样了

我有一位朋友叫可可，除了有个好听的名字，她几乎一无所有，小的时候一直听着别人家孩子的故事长大，这让原本腼腆的她一直活得很自卑。长大恋爱后又因为自己的肥胖而被男朋友嫌弃，让他们最终分道扬镳，可可觉得自己的世界里充满了黑暗。

后来，可可看了一部电影，影片中的主人公和她非常相似，也就是从那一刻开始可可想到了改变。看着自己臃肿的身材，可可决定减肥，她要求自己每天跑 5 公里，让自己没有请假的机会。可可说：“我害怕自己破例一次后，就有了千百次破例的理由。”

为了减肥可可无数次跑到哭，但辛苦了一个月后，她的体重不仅没有减轻反而增加了。可可想过放弃，但曾经的嘲笑像潮水一样涌来，因此可可一遍遍地说服自己，坚持严格要求自己，最后终于成了人人羡慕的瘦子，整个人也变得越来越自信。我一直觉得可可的这份自信与自律有很大关系。

乔布斯曾说："一个人的自信是从自律而来的。"

其实，自律就是一个人对自我的控制，当一个人能学会克制自己，用严格的日程表控制自己的生活，那么他也会很快变得非常自信，生活也会非常美好。

自律决定了一个人的勤奋程度，决定了自己的人生高度，为你能否成为最好的自己打下坚实的基础。能够自律的人，注定是成功的人。

可可减肥成功后，不仅看到了生活的希望而且整个人对未来也充满了信心。为了能找一份翻译的工作，她又开始了对英语的疯狂学习，夜深人静的时候只有桌前的那盏台灯孤独地陪着她。

刚开始，可可打卡学英语，每天拿出固定的时间坚持背单词、练口语，虽然那段时间非常苦，但是可可都坚持了下来，因为她对自己的未来充满了信心。

她说："虽然我还是每天早上地铁大军中的一员，依旧有些腼腆，但我独自一个人的时候会感到自己很有底气，因为我看到了自己的进步也看到了自己的未来。"凭借这份自律，可可终于拿下了翻译证二级，并如愿以偿地做了一名企业翻译。

自律能够让一个人充满底气。它不仅能给我们带来想要的生活，还能为我们的经济基础提供保障，换句话说，自律决定了一个人的未来。

自律的人大多是自信的人，因为经过一段时间的努力，他们会发现人生根本没有那么糟糕，只要严格要求自己，就一定会拨开生活中的迷雾。自律的人会在前进中发现很多错误，但他们会用最快的速度修复错误，不断地纠正着自己的人生之路。

可可在公司里做得如鱼得水，很快得到领导的赏识，不仅如此她也找到了属于自己的真命天子。由于可可空闲时间非常多，所以她又想实现自己的写作梦，而这个时候的可可已经6年没有写过东西了。

可可说："那时，我看过一篇文章，其中的大意是如果一个人想重拾写作，那么她每天至少要写一千字。"为了实现自己的梦想，可可又开始严格要求自己。有一次单位里有些忙，可可回到家已经晚上10点了，但是当天她还一个字也没有写，本来可可想拖到明天，但是自律养成的习惯，让她快速地打开电脑，继续追逐着属于自己的小梦想。

凭着这份努力，可可的名字很快出现在全国各大报刊上，这一刻可可哭了，我想这应该是骄傲的泪水。从那时起可可越来越自信，不论做什么事都会做得非常完美。

其实，自律里不仅藏着自己的生活，而且还藏着自己的事业和爱情。

自律的生活可以让自己挺过人生的黑暗期，可以帮助自己克服不应该有的懒惰和情绪，即便有条件去做也不会为自己找借口，用自己坚强的意志挺住，进而完美突破。

自律就是对自己“狠”起来，不给自己半点退缩的机会，为了自己的目标全力以赴，只有这样才会得到自己想要的结果。

其实，越自律的人越自信，他们的未来也一帆风顺。

我有一位自己创业的师兄，每天都逼迫自己在路上，因为他害怕一旦给自己放假，苦心经营的事业就会化为泡影。事业处于低谷期时，师兄总是整夜地失眠，第二天就无法打起精神，事情处理得更加糟糕，如此进入了恶性循环。

为了改变，师兄强迫自己早睡早起，从最初的不舒服不适应，到现在的每天六点自然醒。师兄说：“我之所以能走到现在，自律对我太重要了。”

自律对一个人真的很重要，很多能严格要求自己的人，无论在事业还是生活方面都是出类拔萃的。

昨天，看一篇文章，文中说奥巴马每天早上起床后的第一件事，就是冲进他的健身房开始锻炼；萨科齐在大选期间，还一边跑步一边接受采访；富翁约翰·洛克菲勒和李嘉诚几乎每天打高尔夫球，普京练器械，刘强东做平板运动。这么优秀的人都时刻严格要求自己，我们又有什么理由懈怠呢？

自律的人注定能成大事！

自律是一种自我管理的本领。它不是刻意地展现给别人看，而是无论在什么时候都能坚持要求自己，为了自己想要的生活奋力地去追逐。我一直觉得能够自律的人是值得尊敬的人。

没有自律的人生会充满黑暗，因为他们总能为自己的不成功找到很多借口。

能够自律的人不会因为时间的推移而显得苍老，而是会随着岁月的雕刻慢慢地绽放出最美的光芒，梦想和事业也会因此光芒万丈。

我这么拼命，就是为了让父母老有所依

先来简单做一下介绍，我出生在农村，父母是地道的农民，每天过着日出而作日落而息的生活，不愁吃穿，生活非常规律。如果我没有考上大学，那么我想自己的生活轨迹应该和他们一样。但在 2005 年我顺利地考上了大学，这让父母在村里腰板挺得非常直，逢人便向他们分享自己的喜悦。

四年的大学生活让我有点怅然若失，因为直到毕业我也没有弄明白自己学到了什么，仿佛什么都会又仿佛什么都不会。毕业之后我留在当地，当时在一家图书策划公司做策划，生活得按部就班，没有丝毫挑战。这期间我谈了一场恋爱，虽然我们当时如胶似漆，但是最后还是分道扬镳了，也许这就是现实。

一天，一直和黄土打交道的父亲突然来电话了，大意是问我想不想到我们当地的报社。听到这个消息后，我非常兴奋，虽然并不知道父亲是从哪里托的关系。等我打点行装回家后，报社的大门突然对我紧闭了，在父母找了好几个人之后，我终于有机会走了进来。刚来的时候我就是一个打杂的，每天收拾办公室的卫生，做着只要四肢发达的人就能做的工作，时间久了，我甚至忘记了自己来的初衷。这个时候的我已经不小了，父母一直盼着我结婚，但是没有人愿意跟我，因为我不仅很丑而且很穷，穷到让她们看不到希望。

稀里糊涂的三年后，我发现自己什么也没有学会，我的工作依然是打杂，每天像一个机器人简单重复着这份工作。有时候，我问自己，要一直这样坚持下去吗？但我很长一段时间没有找到答案。恰恰这个时候，一直种地为生的父亲突发脑梗死，如果不是救治及时，我想或许我们当时就要阴阳两隔了。虽然救了过来，但是他的腿脚已经不那么灵便了，用他的话来说，自己能照顾自己就很不错了。父亲的倒下让我看不到生活的希望，我甚至抱怨自己生在这样一个家庭。

我不敢恋爱，不敢谈梦想，生存下去成了我当时唯一的想法。报社打杂的工资已经无法满足我的生活，于是在父母的反对下我选择了辞职，虽然我知道当时他们肯定很寒心，但是我没有别的办法，因为我没有啃老的资本。

幸运的是，我找到一份当时完全可以生存的工作，更幸运的是我找到一位爱我的姑娘。我们结婚没有房子，有的或许是两个人坚持下去的信念，我想这应该就是爱情吧。这段时间，父母的身体一直不好，单位的工资虽然暂时不错，但它根本无力支撑我们当时的家庭，那个时候好在手中有一张信用卡，为了生活，我毫无条件地把自己变成了卡奴。

每天为生活而战，让我疲惫不堪，这个时候在我们老家有一家超市要转让，生活不下去的我们只好回家了。有时候我抱怨过，是不是自己这一生就真的一无是处了？我和妻子商量后，便租下了那家超市，并承诺 3 年还清欠款。这件事情遭到了父母的强烈反对，但他们也没有丝毫的办法。这个消息传到村里，当时炸开了锅，他们说："到底上的什么大学啊？连自己都养活不了，还回家开超市，这可真是丢人。"说实话，在当时我想过反驳，但考虑了很久后，我发现自己根本没有反驳的理由，在没有办法的情况下，只好选择了默默地忍受。

父母的身体越来越糟糕，我突然发现，在照顾好自己的小家时，他们也需要我照顾了，这种顾头顾不了尾的生活节奏让我有点应接不暇，因此我必须尽快改变。于是，我只有抛弃所有的冷嘲热讽，努力地去赚钱，我当时就是想尽最大的能力规避风险，所以我拼命了。几年下来，我的生活发生了质的变化，曾经的嘲笑变成夸赞，村里人甚至把我当成了他们教育孩子的榜样。很多人觉得我的生活应该安逸，应该拿出时间让自己休息了，但是我并没有给自己这个机会，因为我害怕自己的满足让生活再次陷入深渊。我要做的就是让这一切越变越好，让孩子享受属于自己的快乐，让父母能过上幸福的生活。

在超市经营步入正轨后，我开始了新一轮的挑战，开始学习写作。为了让生活变好，我把自己变成了一个战士，去征服自己想要的生活。学写作的朋友应该都知道这个过程有多么痛苦，但我一直在坚持，因为我相信自己有能力去改变。

从没有成绩，到全国各大报刊都有我的名字，我用了一年的时间。很多人觉得我很厉害，短短的一年竟然可以取得如此巨大的成就，但是他们根本没有看到过我的付出。那段时间凌晨两点开着灯的是我，整日笔耕不辍的是我。在写作面前没有捷径，只有坚持不懈的努力。一段时间后，稿费像雪花一样飘来了。这一刻，我突然觉得生活仿佛对我露出笑容，这种疯狂的努力，让我能给父母一个交代，这也是我最终的目的。

生活对每个人其实都一样，它不会偏向任何人，我一直觉得生活喜欢努力的人，喜欢无论什么时候都有高昂斗志的人。也许，生活会在不经意间和你开一个玩笑，甚至会给你带来暴风骤雨般的打击，我想我们唯一能做的就是承受。

以前看过一个故事，大意是一名家境不好的青年在奋斗了 18 年之后，终于有资格和富家的子弟在一起喝咖啡。富人生下来就含着金钥匙，但是穷人不行，他们要想拿到这把金钥匙要付出很大的努力。很多时候，我们无法承受风险，我想那肯定是因为努力得不够，既然来到这个多姿多彩的世界，那么就做好一切准备吧，无论是好的还是坏的，我想这都是对你的考验。

第四章

淡定从容，幸福一生

低调的女人，
好命一辈子

昨天，好友琳琳更新了一条朋友圈：“下个月我就去美国留学了，亲们为我点赞吧！”

照片上的她一脸幸福，焕发着无限的生机。

讲真，对琳琳什么时候取得的留学资格，我真的不知道。我们一起聚会的时候，琳琳从来没有谈留学的事情，仅仅是和我们一样的谈笑风生。

闺密H说：“你说琳琳怎么就能不声不响地获得留学资格呢，该不是走后门了吧？”对于H的说辞，我打趣道：“你要是觉得走后门能行，那你完全可以去试试。”

印象中，琳琳是一个非常低调的女孩，她从来不会跟别人说自己正在做什么，对于别人的聊天她也从不刻意地插话，只是选择静静地听。当别人问她对某事什么意见时，她总是微笑着说："我觉得还可以吧。"后来，朋友们觉得琳琳是一个水平很低的女孩。

其实，低调的人更有内涵，她们宁愿在人群中隐藏自己的锋芒，就像寒冬里的蜡梅沉默地开放，在别人不注意的时候带来满园的芬芳。

低调的女人命运大都不错！

单位里王姐就是这样一个女人，闲暇时的王姐总是端一杯咖啡对着办公室的花草发呆，一副泰然处之的样子，单位里很多人都觉得她就是一个闲人。

最近，有一笔棘手的业务，领导点名让我跟王姐一起去，讲真当时我有些不情愿，因为我觉得这样根本完不成任务。

没想到，在谈判的时候，王姐口若悬河，引经据典，最后很快让对方心悦诚服，对方不仅顺利签约而且还要追加投资。谈判结束后，我对王姐非常佩服，真没想到她是这么优秀的人。

吃饭的时候，我刚想问她，没想到王姐说："我知道你想问什么，是不是以前觉得我就是一无是处？" 王姐说完后，我红着脸点了点头，为了避免尴尬，王姐爽朗地笑了起来。

原来，王姐一直很努力，只是她的这份努力从来不是做给别人看的，而是背后默默地努力，等到需要她出马的时候，她就会大放光彩。

其实在人前低调的女人，在人后都是默默地努力着，在这个芬芳的世界上，她们懂得自己最需要什么，不惊扰别人的同时选择合适的时机绽放。

后来，凭借出色的业务水平，王姐很快成为我们的部门领导。

在成人的世界里，我们大都喜欢高调地炫耀自己。

小马是我们部门里最高调的人，别人买衣服她马上跟着评论一番；别人谈新闻，她立刻发表自己的见解，生怕别人看不到她“优秀”的内在。刚开始，部门里很多人都觉得她很博学，但后来大家才明白错了。

一次单位举行辩论比赛，由于大家都觉得小马很博学，因此就让她做了主辩手，但没想到，小马竟然被对方问得哑口无言，这让我们众姐妹大跌眼镜，原来小马只是徒有高调的外表。

事后，对于这件事我们什么也没有说，但是再也没有听到小马高调的谈资。

在以后的日子里，小马选择努力地为自己充电。大家一起吐槽的时候，没了小马的影子，大家高谈阔论，也没了小马的影子。那段时间，很多人看到的就是一个默默努力的姑娘。

其实，女人的低调并不是藏在自己的言行里，而是藏在自己背后的努力里，但凡水平高的人在人前一定表现得很谦卑，但她们才是轮船中的真正的舵手，总是能在危难的时候力挽狂澜。

生活中，往往越是低调的女人她们的未来越光明。

朋友L在一家房产公司做策划，她为人非常低调，我跟她相处了很长时间都不知道她是什么学历。

L 在公司里任劳任怨，就连拖地的阿姨都以为她是一名实习生。直到有一次她的策划书获得房产界大奖，大家才知道她的水平有多高，她很快成为策划圈里炙手可热的人。

有一次，我们在一起吃饭，我说：“和你做朋友这么久，竟然没发现你水平这么高？”她笑着说：“这没有什么的，不过是运气罢了。”

后来我去她家做客才知道她是国外某所著名大学的博士生。我笑着说：“你可真够低调的。”她说：“这没有什么好炫耀的，学历只代表过去，能力才代表未来，我还得加油。”

获得大奖后，L 还是按部就班地做着事情，外出谈业务，她也从来不会和别人谈自己获奖的事情。L 说：“我总觉得人生就像爬山，当我们征服一座大山后，就要继续前行，而不是停在原地沾沾自喜。”

后来，因为自己一直低调做事，L 很快成了公司里的策划经理。

其实，聪明的人从来不会向别人高调地炫耀自己，她们只会踏实地做好自己的事情。因为她们知道人前的高调只会让自己迷失。

人活一世，不论男女，谁都想在别人的世界里活出精彩。

那些高调炫耀的人，无非是想在人群里刷存在感，表面好像很精彩，但事实不过是在自欺欺人。

每个人都想获得别人的赞美，只是这些赞美从来都不是唾手可得的，因为通过你对别人的描述，只会给他们造成一种假象，而造成这一切的根源就是你高调地炫耀。

有心理学家说："如果一个人一直生活在假象里，那么她很难承受现实的痛苦。"因为心理对身体的影响超出了我们的想象。

可悲的是，这世上总有很多女性不能深刻认识自己，在自己的世界里高调地编织着一个精彩的梦，这样只会让她摔得更严重。

所以，聪明的女人从来不会在人群中高调地炫耀自己，而是在夜深人静的时候，低调地充实自己，让自己变得足够优秀。其实，她们知道如果要绽放精彩，就一定要有足够的能力。

我一直觉得，低调的努力，才是最美的奢华。

不过分索取的女人最懂爱

好友格子再次失恋，我真没想到她会在一年里失恋 3 次。每次失恋她都会找我抱怨，而抱怨的内容一直都是男朋友根本不爱她，在这几段恋情里，她似乎没有一点责任。

我曾经见过格子的一位男友，他不仅风趣幽默而且长得阳光帅气，跟格子走在一起，我甚至觉得格子有些配不上他。

相恋十几天后，格子开始问男友要礼物，从简单的小饰品到爱马仕包，如果男友不送，格子就会说男友根本不爱她。为了表达自己的爱意，男友对格子的要求几乎全部照做。

但时间长了，对方感觉格子把自己当成提款机了，这让对方非常失望。开始的时候，他没好意思说，渐渐地，格子再让他买什么，他就装糊涂了，因为心里有了抵触。

面对男友的抵触，格子丝毫没有为自己的行为感到不好意思，反而振振有词地指责他。她甚至觉得男人对女人的爱，就是满足她的各种要求，给她很多惊喜。

在一个夏日的午后，他们分手了，男友说："如果只有买买买，你才能感觉到我的爱，那么我情愿没爱过你。"说完这句话后，男友头也不回地离开了。

后来，格子跟我说："男人没有一个好东西，他们虽然口口声声说爱你，但其实都是骗人的。"看着她振振有词的样子，真的让人很难怀疑。

恋爱的本质是相互吸引，可我们却给这个"相互吸引"戴上了太多的枷锁，当一个人开始用物质衡量爱情，那么她其实已经输了。

如果你的恋爱是为了向对方要很多东西，那么这样的爱情真的很难长久，你所谓的爱在对方眼里不过是毫无底线地索取，这会让对方在爱的围城里很没有安全感。

爱是一种付出而不是索取，你自己首先让爱变了味道，那么为何还要怪别人？

总有很多姑娘抱怨爱情很难遇到，可我一直觉得不是难遇到而是你要求太高，你怕爱情撑不起你的未来，你怕爱情会让你的生活雪上加霜，因此你的爱情里有太多的附加条件。

两年前，我认识一个叫小辉的男孩，虽然他在爱情里投入很多，但是相恋八年的女友还是和他分手了。其实，不是小辉不好，而是他们之间的爱已经千疮百孔。小辉跟我说："或许，我的能力再也支撑不了她的爱了。"

面对小辉悲伤的样子，我甚至想不出用什么话来安慰，一个对爱用尽了力气的人灵魂也会陷入孤独。

也许，有些女孩真的像小辉说的那样，她们根本不懂爱，不过是以爱的名义来获得自己想要的东西，如果对方一旦满足不了，那么她们就会悄然离开，甚至没有半点怜悯之心。

好友茉莉给我打电话时，我正在喝咖啡。她是我朋友中唯一一个把爱谈了大半辈子的女人，当我们向她取经时，她说："永远不要过多地向对方索求，即使你们之间的爱情非常牢不可破。"

茉莉和老公是自由恋爱，结婚的时候什么也没有，但茉莉觉得只要有爱就完全够了。这些年，她何尝不羡慕漂亮的衣服，何尝不羡慕宽敞明亮的房子，但是她从来不给自己的男人讲，因为她怕爱情变了味道。

爱应该是相互之间的扶持，而不是相互之间的索取。

聪明的女孩从来不会向男友要太多东西，因为她们知道，如果两个人的爱能天长地久，那么一切都不是问题，如果她们之间的爱只是一瞬间，那么这份物质的债务根本无法还清。

相对于女人，男人其实更加缺乏安全感，他们怕自己的付出毫无价值，他们怕在自己全力奋进的时候，自己珍爱的女人悄然离去。

一个女人如果用物质来衡量自己的爱情，那么她一定是可悲的，时间久了她会在爱情里失去作为女人所特有的尊严。

聪明的女人会在爱情里给男人足够的安全感，让他们感受到爱的存在，而不是一味地索取。相比较物质的索取，她们觉得让自己的男人感受到爱才是最重要的。

以前，我有位朋友说："一个女人如果整天问我索要东西，那么我会觉得她对我的感情不纯粹，这就跟卖身似的，如果真是这样，为什么不从她身上获得我想要的东西呢？"

其实，每个女人都是有欲望的，但是聪明的女人懂得克制，她们知道爱情里揉不得沙子，但有些女人却一直想通过婚姻、恋爱等途径来实现自己的目的。

我一直觉得，一个真正聪明的女人绝对不会一味地向男人索取，因为她们懂得在爱情里相处的道理。

如果你觉得他满足你所有的要求才是爱你，那么我想他一定觉得这份爱非常的累，当你把爱里掺杂了很多物质，这份爱就很难继续下去了。

如果你愿意，那么做一个懂爱的女人吧，你那么善解人意，他又怎么会讨厌你呢？

有情调的女人更幸福

说到情调，很多人觉得这与钱有很大关系，有钱就可以选最豪华的餐厅；可以购买82年的拉菲；可以来一场说走就走的旅行。其实，情调与钱的多少真没关系。

周末，和几个要好的朋友相约在小茶馆，简单地聊聊人生，这也是情调的体现，有情调的女人大都活得很幸福。

有人说，婚姻会扼杀女人的情调，很多女人结婚后就忘记了情调的模样，把自己无限制地置身于柴米油盐酱醋茶中，整个人活得像一个怨妇，这确实很可悲。

在公司附近的星巴克，我遇到了王姐，她最近非常痛苦，因为一些鸡毛蒜皮的事情而离婚，从她的言语中我知道她根本不幸福，我问她原因。

王姐说："婚后的生活变了样子，虽然我努力适应，却觉得非常无趣，一点情调都没有。"其实，情调并不是藏在生活里，而是藏在一个人的态度里。

婚前的恋爱充满浪漫，日子过得非常有情调，可是婚后因为家庭琐事，我们再也找不到那份曾经的感觉了，一切熟悉却又陌生。

精致的女人大都是有情调的人。著名作家陈丹燕说："高品质的生活就算沦落到吃咸菜的地步，也要用漂亮的碟子来装咸菜。"这是对情调生活最高级的赞美。

用盘子装咸菜直接决定了一个人的心情，这种心情会在一段时间内深深影响一个人。在快乐的氛围内肆无忌惮地被生活宠爱，我想这是很美的一件事，也是每个女人最向往的事情。

最高级的情调并不是浪漫，而是一种内心的满足。

在慵懒的午后，收拾下自己的房间，这份干净一定会让自己心旷神怡；在桌子上铺上最美的桌布，感受生活带来的惬意，这些都是对情调最好的诠释。很多时候，我们压力太大，找不到生活的乐趣，恰恰是因为缺少了一点点情调。

聪明的女人不会在婚后把自己活成怨妇，而是让自己在一种精致的情调中完美绽放，尽量活成自己想要的样子。

生活其实很简单，但是人心太复杂，很多时候我们总是不满足于眼前，一直羡慕别人，把充满情调的日子过得非常狼狈。其实，这样真的很可悲，但我们就是无法说服自己。

这世上没有一个人会无欲无求，但很多人懂得满足，懂得把日子过成诗，即使有时候充满艰难，他们也会一笑而过，这就是情调的力量。

一个有情调的女人一定懂得生活，她也一定会做生活里的主人。

朋友小梅就是一个充满情调的女人。

大学毕业后，小梅和谈了6年的男友步入了婚姻的殿堂。朋友们都说小梅太傻，因为那段时间他们什么也没有，人生的正剧才刚刚拉开序幕。

在一座陌生的城市，小梅和老公一起努力打拼，忙碌了一天后他们会开心地骑着单车在夜市摆地摊，会为了几块钱的利润和顾客耐心地讨价还价，虽然日子过得很苦，但他们从来没有觉得委屈。

经过几年的打拼，他们终于有了自己的房子，那一刻小梅说："善待生活的人一定会得到生活的奖赏，在最难的日子里依然微笑的人一定是最有情调的人。"

其实，情调与生活的困难没有半点关系，只与一个人的心态有关系。心态好了，一样会把一无所有的日子过成诗篇；心态不好，即使锦衣玉食也不过是徒增烦恼。

闲暇时，小梅会打理下阳台上的花草，耐心地擦拭茶几上的灰尘，也经常翻翻书本，她觉得这一切都充满美好，有时候会在纸上写写自己的故事，不为发表只为让心情舒畅。

一直不擅长做饭的她为了老公练得一手好厨艺，总能变着花样满足老公的味蕾，看着老公狼吞虎咽的样子，小梅的心里仿佛开了花，这应该就是幸福的模样，应该就是最有情调的生活。

我有一位文友，她就是一位非常有情调的女子。她和所有的女人一样喜欢逛菜市场，看整齐水灵的西红柿和山药，顺便买一些带回家；会买宽松的衣服，这并不是因为自己胖，而是因为单纯的喜欢。

她迷恋简单的颜色和设计，迷恋简单的生活，虽然她的家庭状况非常不错，但她就喜欢按自己的想法活着。

有情调的女人身上有一种清幽的飘逸，这能让她们在无聊的油盐酱醋茶中脱颖而出，会让很多女人心生羡慕。

情调的生活有时候很简单。

周末看一场电影，抑或是品一杯香茗，都是最高级的浪漫；看落花满地，等清风徐来，也是情调的一种表现。其实，这世界处处皆情调，只是看你是否能发现。

一个人只要不在尘世里过于麻木，开心地做自己，就不会有太多的渴望，也不会在依恋中迷失自己的方向，因为从一开始他就知道自己想要什么。

如果你愿意，那么一定要做一名有情调的女人，在人生的大舞台上做最快乐的自己，你如此懂得生活，生活又怎么会负了你？

懂得给别人留后路
有多重要

朋友大秦下班回家，在开车的过程中不小心把水溅到了一位路人身上。大秦赶紧下车查看，并拿出纸巾帮对方擦拭，但路人却不让大秦擦，嘴里还不停地说着脏话。

因为是自己的错，大秦再三道歉，但是这位路人依然不依不饶。两人争执了很久，路上看热闹的人越来越多，有起哄的，有替大秦说情的，但是这位路人铁了心，非得让大秦赔偿损失。

万般无奈的大秦只好拿出了一百块钱，但没想到对方竟然嫌少，大秦说尽了好话，但是对方就是不让他走。僵持了一会儿后，大秦彻底火了，他对路人说："既然敬酒不吃吃罚酒，那就别怪我了。"

人群中早就有人看不惯对方的德行了，在路人的帮助下，大秦狠狠地把对方揍了一顿，当对方反应过来的时候，大秦早已绝尘而去。

后来大秦和我说：“真没见过这么得理不饶人的，虽然是我的错，但对方的行为让我非常生气。”对于大秦的做法我表示赞同。

这世上有太多得理不饶人的人，他们总以为自己没有错就肆无忌惮地向别人诠释着自己的观念，丝毫不懂得给别人留后路，最后僵持下来不仅害了别人也害了自己。

懂得退让是一种智慧，聪明的人懂得给别人留条后路。把别人逼入绝境，最难堪的其实还是自己。

人生就像一场博弈，每个人的一生中都会遇到一些困难，我们要做的就是多体谅对方，不在道德上对别人进行绑架，处理好和谐的人际关系，所以无论做什么事情都要有一定的分寸。

人生何处不相逢，说不定在人生的下一个路口，我们就需要别人给我们一条退路，或许就是那个你曾经给退路的人会给你一条后退的路。

以前看过一个故事，有一位僧人要经过一片沙漠，好心的村民提醒他在沙漠里遇到倒下的胡杨树苗就用力插一下，遇到快被淹没的胡杨树苗就要往外拔一下，一定为后来人留下路标。

但是当僧人遇到之后，心想：“我反正就走一次，无所谓了。”他既没有插也没有拔胡杨树苗。在他走到沙漠深处时，突然间飞沙走石，天地一片混沌，那些胡杨树苗被暴风卷得无影无踪。

僧人很快在沙漠里失去了方向感，他像个没头苍蝇一样在沙漠里乱窜，再也没有走出沙漠，其实懂得给别人留后路就是给自己留退路。

我们一直走在一条充满岔路的大道上，各种各样的人都会与我们有交集，在遇到事情后，一定要想法大事化小、小事化了，给别人三分面子，别人一定会对你满怀感激。

面对别人暂时的错误或不如意，我们都不能落井下石，因为这世上的每个人总会在意想不到的时候遇到一些难题，要学会给对方鼓励。

如果得理不饶人，事情或许会一发不可收拾，我们也会尝到自己酿造的苦酒。

人性都是渴望光明的，给别人一条退路对自己根本不会有伤害，在自己得理的情况下也一定要把握分寸，当你不与别人为敌，那么别人也绝对不会与你针锋相对。

每个人都希望自己的人生之路畅通无阻，如果能给别人一条退路，那么一定会让我们的人生变得淡定从容。我们走的路不仅需要自己开辟，有时候还需要别人的帮助，只有这样我们才能顺利地走向人生的彼岸。

给别人一条退路，我们的心灵之路才永远有一个通向安宁的出口。

如果可以，你一定要给别人几分薄面，因为这不仅能体现你的涵养，而且还会让自己的人生之路更加光明。

懂应酬的女人
都赚翻了

王姐是我们的部门经理，她平常酒量不小，因此只要有饭局领导就会让她作陪，时间久了，她为单位立下了汗马功劳。有次领导要她陪好一个重要的饭局，因为这直接关系到双方能否合作。

受命后的王姐身体有些不舒服，我们几个建议她别去了，但是王姐说："你们放心吧，我一定能陪好。"看到她一副泰然处之的样子，我们便没有再说什么。

为了有个照应，王姐让我陪她一块去。在饭局上，当领导敬完酒之后，王姐站起来说："王总，我最近身体正好不好，但是您在，这酒我必须得喝，因为不能喝多，所以我先敬您。"那晚，对方了解了王姐的身体状况后，便没有再劝酒，合作也谈得非常顺利。

当我把这个消息告诉姐妹们之后，她们直呼王姐是女王。后来，王姐告诉我，女人在外面漂泊，应酬有时候很重要，如果自己不能喝酒就一定要赶在对方之前敬酒，并且说明原因，这样不仅保全了对方的面子还给自己找到合适的台阶。

女人懂应酬真的很重要，这里面不仅藏着她的智慧还藏着她的处事方式。在酒桌上说白了就是面子的问题，当你保全了别人的面子，对方一定也不会给你难堪，甚至还会在你的上司面前替你美言几句。

懂应酬的女人都很聪明，她们能在一瞬间判断出自己该怎么做才会让事情更完美，这里面不仅包括一个人的智商，还包括她的情商。

一年前，我认识一个叫可可的女孩，她一点也不懂应酬，甚至在饭局上经常我行我素，时间久了领导对她越来越失望。

每次参加饭局，可可都会随便找一个地方坐下，根本不顾及别人的感受。刚开始领导还说她，但她就是没记性，面对领导的责骂，她反而埋怨领导有些小题大做。

其实，很多饭局都是为了讨好被请的一方，其他人只是陪衬，所以领导如果让你陪酒，那么就一定要仔细观察对方。只懂得跟陪客喝酒的女人，老板是不会赏识的，懂得跟目标客人喝，老板高兴了肯定会给你升职加薪。

懂应酬的女人，她的未来一定不会太差，也一定是会聊天的人。

其实，应酬有时候只不过是一种氛围，无论怎样只要大家把氛围调节好，一定会得到事半功倍的效果。对于不会喝酒的女人，是否懂得聊天就显得非常重要了。

如果对方是女性，那么你完全可以和她聊八卦新闻，美容护肤；如果对方是中年大叔，那么就聊聊子女，可以从孩子的饮食起居、学校教育谈到他们的未来规划，我想这些他们一定会感兴趣的。

聊天也是应酬的一种，一个会聊天的人自然会让对方心花怒放，不会聊天只会让结果更加糟糕，这里面藏着她们的处世智慧。

懂应酬的女人，都是幸运的，在应酬中她们能时刻取得属于自己的主动权，给自己未来的人生锦上添花。

朋友小北以前是一个不懂应酬的女孩，她在单位工作了三年还是成绩平平，领导有重要的饭局从来不带她，在那个人才济济的单位里，小北仿佛连绿叶也算不上。

为了改变这种局面，小北开始有意识地学习，她不仅买来大量关于人际关系的图书，而且还专门学习了饭局上的规则，在大家忽视的目光中悄悄地积蓄力量。

有一次，领导正好有一个重要的饭局，小北就找领导毛遂自荐，也许领导被她的真诚打动，那次居然破例让她去。在饭局上小北表现得游刃有余，深得对方赏识。

饭后对方跟领导说：“这小姑娘真不错，假以时日肯定不可限量。”小北出色的表现让领导心花怒放，升职加薪也就理所当然了。

应酬就是一种人际关系，里面藏着一个人的学识与能力。懂应酬的女人，她们这方面肯定不会太差。

女人学会应酬，实际上就是为自己投资。

现代社会，在家里相夫教子的女性越来越少，她们也经常驰骋在职场，在职场是否懂应酬是很重要的一件事。

在这个社会很多女性以为只要努力工作就会得到领导的赏识，这种想法实际上是极其错误的。领导不仅需要能力很高的人而且还需要懂得应酬的人，他们觉得带懂应酬的女下属参加饭局是非常重要的。

这世上没有一个女人天生懂得应酬，她们都是在后天当中努力学习的。在这个瞬息万变的社会，女人要想有自己的一席之地，就一定要学会应酬。

一个女人是否会应酬决定了她的未来！应酬不是谄媚，也不是溜须拍马，而是一个人综合能力的体现。

身为女人，如果你在职场默默耕耘几年，一直毫无成绩，那么我觉得这一定与你的能力无关，而与你是否懂应酬有很大关系。如果想改变这种现状，你唯一要做的就是设法提高自己应酬的能力。

心存善良的女人，怎样都好看

周姐是我见过最美的女人，不仅因为她的衣品还有她的人品。

在单位里，周姐是一位雷厉风行的女人，如果在工作中出现错误，她丝毫不会给我们留情面，总是一针见血地指出，那种态度根本容不得我们半点反驳。

私下里，我们几个经常在一起八卦，同事L说："像周姐这种女强人，真不知道哪个男人受得了。"我觉得L说得确实有道理，因为和周姐共事这段时间以来，我从来没有看到她温柔的一面。

周姐绝对是一个精致的女人，她的这份精致经常让我们黯淡无光。当看到她衣着光鲜的样子，有时候我甚至觉得自己是白活了。她是天生的衣服架子，无论穿什么衣服都非常耀眼，因此和周姐一起出差压力非常大。

那天，单位临时让周姐出差，由于她的助手正好请假了，领导就安排我和她一起去。临出发时，同事们说："你今天一定记得买张彩票哟，说不定能中大奖。"我刚想还击，周姐恰巧出来了。

周姐问我们说什么，同事们立即一脸恭维地说："没什么，周姐，祝你们一路顺风。"这群虚伪的人差点把我气吐血。

在车上，我尽量保持沉默，说真的，非常害怕不小心踩到周姐的雷区，搞不好会让自己很难堪。一路上周姐也没有多少话，我觉得或许她和我真没有什么可说的，在她面前我就是一个小丑。

天气有些不好，竟然下起了雨。走了一会儿，司机突然一个急刹车，这把我和周姐都吓了一跳，周姐说："什么情况？你下去看看。"司机下去了一会儿后，上来说："没什么，因为下雨，前方有位老太太摔倒了，我们绕道就行了。"

司机刚说完，周姐就打开车门下了车。当她看到一个孤寡老人跌坐在泥里时，马上把对方扶了起来，这一扶不要紧，周姐的衣服上全部是泥水，老人抱歉地说："闺女，实在是对不起了，弄了你一身。"我原本以为周姐会生气。

但那个时候的周姐脸上充满了温柔，她轻轻地把老人扶起来，让我把车上的伞拿给她，还关切地问老人摔得是否严重，老人有些受宠若惊地说：“不严重，不严重，闺女你真是个好人。”

本来周姐想把老人送到医院，但老人拒绝了。回到车上，司机说：“现在这些碰瓷的多了，要是被缠上真的很麻烦。”周姐并没有回答司机的话，继而转向了我：“这世上终究是好人多，她（老人）让我想起了自己的母亲。”

原来，周姐的母亲患有严重的心脑血管疾病，有一次天气非常炎热，老人出去买菜突然摔倒了，但围观的路人没有一个人前来帮忙，当送到医院时，医生表示已经无力回天了。

周姐哭着说：“如果当时有人扶我母亲一把，结果就不是这样子了。这个世界太冷漠，而我一定要做一个热情的人，因为你的无心帮助可能挽救了一个家庭。”

周姐说完后，我突然陷入了沉思中，世人都讲究光鲜的衣品，以为只要自己打扮得花枝招展就一定能成为焦点，但殊不知这衣品只是人品的一部分。

一个雍容华贵的女人，如果心底没有善良的一面，那么也不过是金玉其外败絮其中，一样让别人瞧不起。

在我们的潜意识里对衣品好的人要求更高，当一个很会穿衣打扮的人与自己的言行非常不符时，我们就会对其大失所望，一个只懂得收拾自己的外表而忽略灵魂的人是非常可悲的。

电视剧中，我们经常会看到这样的画面：素质低下，人品很 Low 的人大都衣着光鲜，一副人模狗样的样子，这种人的出场就让我们很反感，因为我们知道他们肯定有一个丑陋的灵魂。

一个心存善良的人，即使没有时间打扮，那么我觉得也是最美的人，就像朋友小茹。小茹是一名交警，她非常喜欢漂亮的衣服，空闲时，她在镜子面前问我穿哪件衣服好看，但因为工作的原因，她很少有穿出去的机会。

她有时候跟我抱怨："怎么就偏偏当了交警？放着那么多的好衣服不能穿，真无奈。"一天晚上下班，小茹约我一起吃饭，她说："你知道吗？我今天得到表扬了。"看她一脸高兴的样子，我说："是不是领导又要给你加薪？"小茹说不是，她今天扶一位老太太过马路，对方微笑着对她说："闺女，你真俊。"

我一直觉得一个真正美丽的女人，根本不需要刻意地修饰，更不需要艳丽的装扮，因为她这份美是由内而外的，因为有良好的人品，她的未来一定不会太差。

衣品好的人，从外表上看确实让人感觉舒服，但如果人品不好，我们就会觉得这个人很虚伪，把自己外表修饰得再好也不过是自欺欺人。

法国著名作家罗曼·罗兰说："不管你穿什么样的衣服，人还是那样的人。"意思就是一个人品行永远无法用外表来掩盖。

在生活中，人的外表确实很重要，但是如果品行有问题，那么他的世界注定是黑暗的。

无论何时，一个人一定要心存善念，在提高自己的衣品时也努力提高自己的人品，争取做一个表里如一的人，如果真是这样，我想你的世界里一定会充满美好！

与其仰望别人，不如提升自己

朋友小茹和老公青梅竹马，但婚后没几年却分道扬镳了。刚开始小茹对我说自己爱上了别人，因为和老公在一起生活没有丝毫波澜，他根本不懂生活中的浪漫，就像一桩木头只知道吃饭穿衣，后来我才知道是老公提出的离婚。

小茹是个能干的女人，我认识她的时候她在超市里做收银员，不仅如此晚上还会做一些小零工，和老公一起努力地支撑着一个家。老公疼惜她，每次都想让她早些休息，但小茹不仅不领情，反而还埋怨老公无能。

小茹的老公是一名公交车司机，虽然起早贪黑地拼命干，但是他的工资并不高，在大城市里的生活有些捉襟见肘。

有时候，小茹埋怨自己命不好，为什么最后找了个如此无能的男人。每次她发牢骚时，老公一句话也不回，而是蹲在墙角拼命地抽闷烟。

别人家的幸福生活从来没有在他们家里出现过，小茹不断地抱怨让老公开始对生活失去了信心，原本他想努力奋斗，尽自己最大的努力保护小茹，可到头来他突然发现自己连最基本的生活都保障不了。

他开始陷入深深的绝望中，每当小茹拿他和别的男人比时，他的内心都非常痛苦，时间久了他甚至觉得自己根本配不上小茹。

在一个春日的午后，小茹正在家里收拾卫生，老公突然推门而入，小茹没好气地说："你不在外面好好工作，跑来家做什么，难道要我们一家喝西北风吗？"小茹说完后，老公并没有说什么，而是翻箱倒柜地找东西。

气不打一处来的小茹质问老公做什么，这个时候对方竟然平静地说："这些年来委屈你了，我觉得我们还是离婚吧，因为我给不了你想要的幸福。"老公说完后，小茹以为对方开玩笑，但当看到他认真的样子，小茹慌了。

小茹并没有问对方原因，因为这些年来她知道只要老公做出决定，那么任何人都无法改变，她只是不明白自己的婚姻为何走到了尽头，她甚至天真地以为老公在外面有别的女人了。

临走的时候，小茹想问对方要一个解释，但是对方并没有多说，只是觉得自己根本配不上她，希望她以后能找到属于自己的幸福。

后来，小茹和我说，她从来没有想过离婚，虽然别人家的经济状况比他们好，但她也只是随便说说，只是没想到自己的男人竟然当了真。

其实，小茹骨子里是知道离婚原因的，但是她根本不愿意承认。离婚后，小茹开始变得沉默，努力地做着属于自己的工作，在她的世界里再也没有埋怨，取而代之的是对生活的满足。

这段婚姻的失败，让她明白了很多事。其实有时候我们就生活在幸福之中，只是我们浑然不知，总是一直羡慕别人，当自己真正失去后，就会变得追悔莫及。

几天前，小茹更新了朋友圈：“我们一直羡慕别人，却怎么也做不好自己。”离婚之后的小茹非常痛苦，因为她再也找不到一个那么疼自己的人。

其实，学会在自己的生活里绽放幸福，远比羡慕别人重要得多。

两年前，好友格子结婚了，让我们想不到的是陪她走进婚姻殿堂的竟然不是那个高大威猛的帅哥而是一个非常平凡的人，刚开始大家以为是格子开的一个玩笑，但当看到他们在婚礼上彼此深情地交换戒指时，我们才明白这一切都是真的。

后来我问格子，她笑着说：“爱情或许可以谈得轰轰烈烈，但越是轰烈结局也会越悲惨，在婚姻里最重要的是舒服而不是仰望。”看到格子快乐幸福的样子，我从心里为她高兴。

以前看过一个故事，有位姑娘在婚姻里充满了焦虑，她一直觉得自己活得很悲伤，因此想脱离婚姻的苦海。她去寺庙里求助时，方丈问她不幸福的根源是什么。她想了想说：“我觉得别人家都比我们过得好。”

她说完后，方丈思考了一会儿说：“其实，你对于幸福的理解太浅薄了，你一直在和别人进行攀比，但这有什么意义呢？到头来还不是自寻烦恼？”方丈说完后，这位姑娘恍然大悟，原来不幸的根源就是自己。

其实，幸福真的很简单，简单到如日常的吃饭穿衣和睡觉。

很多人对自己拥有的幸福视而不见，总是羡慕别人，在别人面前诉说自己的不容易，这其实是可悲的。

纵使你曾经在婚姻里痛哭流涕，但你也要学会寻找婚姻里的温馨，有时候你的委屈和粗茶淡饭的日子未尝不是别人深深羡慕的。

这世界上，我们拥有的真的很多，如果不去比较，经营好属于自己的岁月静好，我想这是值得称赞的。幸福其实就是电影里的一个慢镜头，你会在里面看到属于自己的样子。

不用拿自己的幸福和别人比较，因为这样只会让你更加痛苦。这世上虽然有很多有钱人，他们可以锦衣玉食，可以过着自己想要的生活，但是他们活得未必会幸福，因为幸福根植于一个人的内心。

几米曾说：“一个人总是羡慕和仰望别人的幸福，但是一回头却发现自己正在被羡慕和仰望。”羡慕别人幸福的人其实忽略了自己，等有一天他们真正明白了，就会发现一切都晚了。

如果你愿意，那么做一个幸福的人吧，不攀比，不羡慕别人，这样你才是最美的。

那个对自己很省的女人，离婚了

我正在午休，楼上又传来了争吵声，如果我没有记错，这已经是这个月第3次了，最后有人摔门而去，继而我再次听到了周姐哭哭啼啼的声音。我想翻身继续入睡，但周姐很快敲响了我家的门。

进门后她对自己的丈夫一通抱怨，说自己在家里省吃俭用，丈夫却整天在外面拈花惹草。她哭诉完了等着我来安慰，但我什么也没有说。于是周姐信誓旦旦地说："我想好了，这次一定和他离婚。"

我本来以为周姐只是随便说说，因为她已经在我面前提过好几次了，但没想到这次竟然是真的。她给我打电话的时候，我正在喝咖啡，当她把离婚证摆在我面前时，我笑着说："未来的日子里你一定要懂得爱惜自己。”

我一直以为婚姻是女人的归宿，但并不是最终的，如果感觉不合适，真没必要在围城里继续苟延残喘，说一切为了孩子的女人不过是为自己的懦弱找个借口。

其实，大家都知道周姐是一个会过日子的好女人，与很多败家的女人不同，周姐一直都很节省。朋友圈里只要谁买了爱马仕包包，她就说人家铺张浪费，这样过日子迟早会把家败光。

朋友烫发，她说臭美。她的头发从没有烫过，也从来没有修饰过。当别人劝她买防晒霜和粉底液保养下脸时，她脑袋摇得像拨浪鼓，仿佛那是对她灵魂的亵渎。

一个女人为了省钱，把自己折腾得黯淡无光，走在大街上都不会引起别人丝毫的注意。她经常教育我们：“女孩子，要学会勤俭持家，没有男人愿意娶败家的女人。”

周姐在生活中，几乎省去了一切可能要花钱的东西。

她从来不给自己买化妆品，对自己要求非常苛刻，她一直觉得做一个勤俭持家的女人才是最重要的。甚至在生病的时候，也不舍得给自己买药，即使非得买也是买最便宜的，可她的老公穿得却一直非常体面。

有时候，我们想改变她的价值观，但这一切都是徒劳，她沉浸在自己的世界里无法自拔。她从来不去商场买衣服，为了省钱都是买最便宜的地摊货。

可是，正当她为自己的勤俭沾沾自喜时，老公却出轨了。

其实，明眼人都知道，面对周姐的灰头土脸，任何男人都不会有欲望的。那一次，他们吵了个天翻地覆，男人最后想离婚，但是周姐就不愿意，她真的不知道自己在婚姻里究竟做错了什么。

周姐生得非常漂亮，但这份漂亮现在在人群里甚至发不出微弱的光芒。出了事情后，我们都劝她多打扮自己，毕竟没有一个男人愿意看到自己的妻子这副模样。

可周姐把我们的话当成了耳旁风，依然坚持着自己勤俭的价值观，她甚至天真地以为只要自己对老公多关心下，他一定会重新回归家庭，周姐一直以为老公深深地爱着她。

然而，事与愿违，她老公要么整夜不回家，要么回家倒头就睡，甚至和她没有半点交流，他们的婚姻仿佛早就土崩瓦解了。

一个女人即使稍微有点姿色，如果省去后天的保养和修饰，那么她也逐渐会失去作为女人的一切特质。

周姐一直觉得自己对家庭的无私奉献一定会换来丈夫的赞美，但没想到却让自己的婚姻走向了尽头，因为丈夫已经习惯了她这种奉献，甚至在心底里早就厌烦她了，但周姐却依然坚持自己的价值观。

面对索然无味的婚姻，丈夫终于难以承受，他开始把心底的背叛上升到行动上，其实不是妻子不好，而是她根本不懂得保持婚姻的鲜度。

因为不断地争吵，周姐终于筋疲力尽，她开始逐渐明白自己当初的观念有多么错误。回归到一个人生活的周姐仿佛在一瞬间明白了，她开始认真地对待自己，开始有意识地改变。经过一段时间的坚持，她终于找回了作为女人的所有特质。

懂得勤俭持家的未必是好女人，会打扮自己的未必就是败家，婚姻里的势均力敌是两个人彼此相互吸引，而不是一方对另一方心生厌恶，这样的婚姻注定不会幸福。

其实，让自己光鲜亮丽也是对婚姻的负责。当在外面劳累了一天的老公回家看到美丽的你，我想他的心情一定会非常舒畅，在这世界上男人对女人的美都没有免疫力。

以前，我有个朋友叫格子，她在婚前把自己活成了一朵花，但是婚后，自己所有的心思都花在了老公和孩子身上。朋友叫她去聚会，她不去；朋友叫她去逛商场买衣服、买包包，她不去。她就像守在家里的门神，完全失去了曾经的风采。

后来，格子逐渐有了危机感，为了保持婚姻的鲜度，她开始把重点放在自己身上，不仅经常做保养，而且经常在网上看穿衣搭配方法。

格子说："女为悦己者容，会打扮也是对自己另一半的负责。"因为格子的努力，老公经常被她迷得团团转，他们彼此之间一直保持着势均力敌的吸引。

其实，女人在婚后对自己一定不能省，对自己太苛刻只会更加灰头土脸，让自己的伴侣心生厌烦。如果一个女人"省"

掉了自己的魅力，那么她的婚姻一定会走到尽头。

你省掉了买护肤品的钱，只会让你的脸更加黯淡无光；你省去了买衣服的钱，只会让你与光鲜亮丽失之交臂。也许你觉得这一切真无所谓，但事实上你省掉的是自己的魅力和未来。

如果你真的聪明，我想你一定能摆脱旧理念的束缚，活出属于自己的风采。

你还年轻，要不顾一切地闯荡

1

《肖申克的救赎》中，“老布”在入狱后，刚开始面对监狱的墙时非常抵触、非常抓狂，然后开始慢慢习惯它，最后竟异常依赖它，以致被释放后因不能适应外面的生活而自杀，这就是体制化。

其实，体制化也是一种安逸，这种安逸就是大家经常说的“舒适区”。

在舒适区的人们做事时比较得心应手，于是过着一成不变的生活，但就像温水煮青蛙，最终会在你心安理得地享受安逸时被淘汰。

年轻人本就应该充满斗志，但如果一旦跌入舒适区，那么就会很快成为废人。在繁华的大都市，想让一个人成为废人，那太简单了。

作家李尚龙说："只要给对方一个狭小的舒适空间，一根网线，一台电脑，外加一个外卖电话，人就开始废了。"

诚然，他说得有些绝对，但人如果一直习惯于待在舒适区内，那么绝对不会有很好的发展。很多人以脚为圆心，以手为半径，慢慢地在舒适区里沉沦。

心理学家说，如果一个人对一件事重复做 24 次，那么就会形成习惯。如果习惯一旦形成，那么我们根本无力打破，就会恋上生活的舒适区，再也不愿意去外面闯荡，去看外面多姿多彩的世界。

年轻是一种资本，如果在应该闯荡的年龄选择安逸，那么人生还有什么意义？

年轻人要有一颗挑战的心，试着做一些没做过的事，这样的生活才会有意义！

2

大学毕业后，我在当地一家房地产公司做策划。

刚开始感觉自己什么也不会，就虚心向同事学习，慢慢地，自己也具备了独立策划的能力，但很快我发现问题来了——

每天按时上下班，日子像上了发条一样，每天都在无限重复，找不到自己的价值，时间久了感觉自己就是在混日子。

当我把困惑告诉大学同学H时，他说："找不到自己的价值，是因为你在自己的舒适区里迷失了自己。"

对于H的话，我并不赞同，因为我每天都很忙碌，根本一点儿也不舒服，只是心里很茫然。后来我才知道，自己所有的努力不过是在重复而已，要想突破必须打破这个怪圈。

这世上有很多人看起来很努力，也很累、很忙碌，每天都在为生活奔波，但这根本没有质量可言，这一切毫无意义，在舒适区里失去了年轻人应有的姿态。

生活中，每个人的心中都有一堵墙，每个人都会给自己划一个舒适区，这堵墙的厚薄决定了他们的命运，只有冲破这堵墙的阻挠，才可能迎来一个崭新的人生。

年轻就是一种资本，还没有定型的你，一定要多看看外面的世界，让自己变得足够强大。

不要惧怕失败，因为还可以从头再来。

3

故步自封的人是可悲的，如果在年轻的时候不多出去看看，终有一天会发现世界没有自己的落脚之处。

苏北是一家广告公司的资深文案，因为工作的性质她经常加班，半夜回家是常有的事，为了生活，她像一台上了发条的机器人，丝毫感受不到工作带来的乐趣。

有一次我们一起吃饭，看到她无奈的样子，我问她为什么不辞职。苏北考虑了一下说："我何尝没想过辞职，但我已经习惯了，辞职后不知道自己还能做什么，所以就怯了。"

生活中像苏北这样的年轻人很多，他们充满了创造力，拥有改变自己的能力，但是为了生活，他们选择了掩盖自己的锋芒，安静地待在自己的舒适区里无限重复着。

多看看外面的世界吧，只要别忘了回家的路，那么你的舒适区会越来越大，人生格局也会越加宽阔。

让自己变得足够强大非常重要，它会在你陷入山穷水尽时给你柳暗花明，如果你还年轻，那么千万不要浪费青春，多去围墙外面看看。

年轻人一定不要让自己陷入安逸中，哪怕改变之路充满艰辛，哪怕居无定所、颠沛流离，我觉得你都要去试一试，去酣畅淋漓地搏一次。

面对这仅有一次的人生，一定要活出精彩。

4

"坐井观天"的故事，我想大家都听说过。很多时候，我们就是井底的那只小青蛙，如果不跳出井口，怕是永远都不会知道世界有多大。

有时候我想不明白，我们这么年轻为什么对事情畏畏缩缩，遇到有兴趣的事情也不敢去做，这真的很可悲。其实，年轻人就应该有勇敢无畏和坚持不懈的精神。

人只有打破舒适区，才会让自己更加卓越，才能给自己带来持久的幸福。

一个人的一生至少该有一次不顾一切的闯荡，不求结果多辉煌，也不求身边有谁陪伴，只要坚定地认为这一次的闯荡有无与伦比的意义就够了。

生活本身是一匹野马，我们则是骑在这匹野马上的将军！人生是自己的，该怎么掌控、往哪个方向走，都要为自己做个规划，为这个目标去努力！

趁着自己还年轻，你应该去开拓自己的视野，让自己的活力散发出来，也不枉自己的青春岁月！

第五章 好的爱情会让你的人生充满幸福

越成功的男人，越懂得尊重妻子

昨天，朋友小李更新了朋友圈动态：“结婚四年了，没想到我们最终还是要分手。”消息刚发出来，很多朋友慌忙问怎么了，但是小李却不再说话。

讲真，对小李的妻子，我们哥儿几个印象都非常好，不仅对小李疼爱有加，对我们几个也非常不错，我真不明白好好的一对夫妻怎么会说散就散呢。

为了求证事情的真假，下班后，我把小李约了出来。还没等我说话，小李哭着说：“我知道你要问什么，但我真不知道她为什么要离婚，而且非常坚决。”我自作聪明地说：“一个女人好好的突然就离婚，难不成外面有人了？”我刚说完，小李哭得更厉害了。

小李说："你们得帮帮我，真不知道怎么了。"实在没招儿的我们只好让格子帮问问，她是小李妻子的闺密，没想到原因竟然是在家里小李一直把妻子当佣人，为此小李一直争辩说自己没有。

格子说："有没有你自己知道，你们男人觉得自己在外面赚钱很累，回家就躺在沙发上，让自己的妻子做这个做那个，稍微慢了点还不行，刚开始我们体谅你们，但是你们越来越过分，难道这不是把我们当佣人？"

格子说完后，小李刚想说话被我马上制止了。平心而论，我突然觉得格子说得很对。每次下班回家，我也是一动也不想动，一直吩咐妻子帮我拿东西，妻子有时候不情愿，我就说："我赚钱养家多辛苦，你就不能体谅下我吗？"然后，妻子就不说话了。

其实，夫妻之间是平等的，男人在外面赚钱养家时，女人也一直在家里操劳，一天下来，两个人都非常累，但是有很多男人并不理解自己的妻子，他们甚至以为自己养家就已经大发慈悲了。

因为两个人有爱，即使自己的男人有些过分，但作为妻子她们也尽量满足，但每个女人的忍耐都是有限度的，如果你不注意，那么结局可能是毁灭性的。

不把妻子当佣人，其实是一种理解与尊重。

夫妻之间本应该举案齐眉，彼此尊重，而不是一方高高在上，用自己所谓的劳累来绑架别人。面对你的不理解，她之所以还选择忍让，是因为她还爱着你，如果一旦不爱，那么你们就是最熟悉的陌生人。

在你的人生之中，总有一个女人和你形影相随，朝夕相伴，我想这个人就是妻子。如果你懂得尊重她，理解她的苦，那么在你贫穷的时候，她不会嫌弃你，而是默默地陪着你，鼓励你，支持你，直到你成功。当你生病时，她肯定会整夜守护着你，为你煲充满爱意的汤，直到你痊愈。

真正的夫妻必定是相互尊重的人，彼此之间绝对不会无视对方的付出。真正的夫妻必定是精神上门当户对的人；真正的夫妻必定是懂得付出的人，就像钱钟书和杨绛。

杨绛创作的话剧《称心如意》在金都大戏院上演后一鸣惊人，迅速走红，杨绛的蹿红使大才子钱钟书有些压力。

虽然钱钟书一直想写一部小说，但是他又怕把太多的家务堆给妻子。一天，他客气地对杨绛说："我想写一部长篇小说，你支持吗？"杨绛非常高兴，催他赶紧写，并让他减少授课时间。钱钟书说："如果我要开始写，那家里就辛苦您了。"正是他这句话让杨绛非常感动。

为了节省开支，杨绛辞退了家里的佣人，自己心甘情愿地做了钱钟书的"佣人"，包揽了所有的家务活，每天劈柴生火、做饭洗衣样样都来。

虽然她经常被烟火熏得满眼是泪，有时还不小心切破手指，可是她并未抱怨过，因为在自己的心里，钱钟书值得她这么做。

看着昔日娇生惯养的富家小姐如今修炼成任劳任怨的贤内助，钱钟书心里虽有惭愧，但更多的是对爱妻的感激与珍惜。

两年后，《围城》成功问世。钱钟书在序中说："这本书我整整写了两年。两年里忧世伤生，屡想终止，但由于杨绛女士不断地督促与帮助，才得以锱铢积累地写完，因此这本书是献给她的。"

就是因为钱钟书懂得尊重，从来没有把杨绛当佣人看，才成就了这段伟大的爱情和事业。

把自己妻子当佣人，其实是一种男权思想的体现，如果一直下去只会让婚姻更加糟糕。好的婚姻不是一场商业交易，不是你付出多少就要获得多少回报，更不要让某一方一直做出牺牲。

婚姻绝对不是一个人唱主场的舞台，如果你总想做付出最少的那一个，总抱怨自己的妻子不理解你，总拿她当佣人，那么你就输了。

《简·爱》里有句话：爱是一场博弈，必须保持永远与对方不分伯仲、势均力敌，才能长此以往地相依相息，因为过强的对手让人疲惫，太弱的对手令人厌倦。其实，婚姻何尝不是这样？只有你感受到对方的付出，不对她百般挑剔，不拿她当佣人使唤，才会一直长久下去。

夫妻之间一定要彼此理解，才能最大限度地站在对方的角度去考虑问题，才能心甘情愿地付出，才能彼此尊重。我一直觉得婚姻这座围城如果没有彼此的理解支撑，那么便是一座空城。

懂得疼妻子的男人才有面子

朋友小周是典型的妻管严。

在离单位最近的星巴克，他在我面前狠命地抽着烟，然后趴在桌子上哭了起来。我赶紧踩了他一脚说："你一个大老爷们，有事说事，不知道的还以为我欺负你呢？"

小周哽咽着说："真没想到我会娶这样的妻子，跟她结婚简直是我人生的污点。"讲真，对于小周的妻子，我印象中不错，那是一个非常爱干净的女人，除了对小周管的有些严厉外，处理事情总能恰到好处。

事情的缘由是这样的，前几天，小周和几个哥们儿在家里聚会，把家里弄得乌烟瘴气，妻子在众人面前当即表示了不快。当时小周想让妻子给他一点面子，但是这根本就是徒劳，后来朋友们知趣而退，这让小周非常尴尬。

我笑着对小周说：“这事明显是你不对，你明知道她有些洁癖，那为什么还要往她枪口上撞？你挑战了她的极限，还想让对方给你面子，这真是可笑。”小周哭丧着脸说：“就你会说风凉话，嫂子对你可真好。”

其实，小周真的不知道，每个女人都有自己的禁忌，如果你不故意触犯她的敏感点，那么对方肯定会给你想要的面子，但可悲的是，你总埋怨对方的不尊重而忽略了自己的付出。

都说女人是水做的，这话一点也不假，每一个女人其实都是温水，而你的做法决定了她变成开水还是冰，如果你懂得宠爱她，那么我相信她的热情肯定似火，如果你一直抱怨她，那么她会变成坚硬的冰。

很多时候，我们抱怨女人不理解自己，总觉得自己辛苦赚钱养家，她们不仅不理解而且在公共场合从来不给我们面子，其实我觉得这样的女人都是我们自己造成的。

我有一个做贸易的叔叔，因为工作原因，他经常陪客户喝酒，每次都是酩酊大醉，时间长了他的胃出现了问题，医生说：“如果你想多活几年，那么就尽量少喝酒。”叔叔很清楚，如果不喝酒，那么他的生意将会受到巨大影响。

有一次，他又因为应酬喝醉了，这次婶子大发雷霆，她说：“你如果再这样下去，我们就离婚吧，我真是受够了。”叔叔垂头丧气地说："其实，我也不想喝这么多，但真不知道该怎么办，如果陪不好对方，那么合同很可能谈崩。"因为叔叔的坦诚，婶子帮他想了一个妙招。

每当有应酬的时候，叔叔都会让服务员帮他把酒瓶里倒上水。当大家喝得差不多的时候，服务员就会给叔叔的杯子里倒上水，一切做得神不知鬼不觉，在觥筹交错的氛围中，叔叔做得游刃有余。

事后，有位服务员问叔叔："是谁帮你想的这个妙招？真是绝了。"叔叔笑着说："还能有谁？当然是最爱我的那个人，我的妻子。"叔叔说这话的时候一脸骄傲。

其实，很多妻子都深深爱着自己的丈夫，她之所以管你是因为她害怕失去你，而面对她的管束，你总是采取暴力的方式抗衡，你这么做，她怎么会让你在外面硬起来？

朋友是一家企业的部门负责人，因为工作的原因，他几乎每天外出，睡眠质量非常差。每次回家，为了让劳累了一天的他睡个好觉，妻子总是尽量做到不打扰他，也尽量不让他出去。

有一次下班回家，有朋友邀请朋友去K歌，妻子说："我觉得还是别去了，你明天5点就要上班，而他们都可以睡到自然醒。"她刚说完，朋友有些生气，他说："我劳累了一天，难道就不能放松下吗？你也管得太严了吧。"那天，朋友的妻子没有再说话。

由于睡眠不足，朋友第二天非常难受，领导交代的事情也不能第一时间领会，那一刻他终于知道为了保证他的睡眠，妻子付出了多少。

我们总是做一些自以为是的事情，总觉得妻子不让自己做某件事就会丢脸，在她们面前高调宣扬着自己可怜的自尊，而事实是，如果不是和你在一起，如果不是很爱你，她们真的懒得管你。

女人其实真的很聪明，你在别人面前的表现完全取决于你，而不是你的妻子。你懂她们的体谅，懂得她们为家付出的爱，她们又怎么会不让你硬起来？

尊重是相互的，你懂得爱她，那么她一定会给足你面子。

以前，我认识一个女孩，她曾说："其实我知道男人养家很辛苦的，可是他们总喜欢把我们的爱忽略不计。"每次，男孩下夜班，女孩都会给他煲上一碗爱的热汤，但是男孩从来不喝，他甚至觉得女孩多此一举。

有时候真是这样，我们看不到自己的做法，总以为自己做的是最对的，但是无形中却伤了最爱你的那个人的心，这个时候你再埋怨她让你在外面"硬"不起来，这是不是天方夜谭？

如果你懂得善待自己的女人，那么她绝对不会为难你；如果你能感受到她对你的爱，那么你随时都是一个能让自己“硬”起来的人。你的做法里藏着爱人的反馈，如果她真是爱你的，还有什么面子是她不能给你的呢？

要想让对方尊重你，那么我觉得你应该先从自身做起，因为起决定性作用的不是她而是你自己，只有这样你们才是这世界上最幸福的人。

最好的爱情，
是我懂你的爱好

萱萱是一名舞蹈演员，但最近却选择在酒吧驻唱，她想用自己的歌声让男朋友重拾爱好，继续追逐梦想。

男友是一名小提琴演奏家，两年前的一场事故让他差点失去了左手，这对于他来说是致命的打击，因为手甚至比生命还重要。

那段时间，男友自暴自弃，觉得自己被社会抛弃了，他整日饮酒度日，很多好友劝萱萱离开，但她非常坚决，她懂他心里的苦。

有一天，萱萱对男友说："我最近不想跳舞了，很想去做酒吧驻唱，你能帮我伴奏吗？要不我怕自己唱不好。"男友怔住了，他没想到自己还有机会登台演出。

选择酒吧驻唱，萱萱唯一的条件是让男友来伴奏。

闲暇时，萱萱跟一位老中医学会了手指按摩，无论多忙，她每天都会为男友按摩数遍。慢慢地，男友的手逐渐恢复，在爱的滋润下，他终于能开始表演了。

萱萱的工资并不高，她从不舍得为自己买衣服，却无条件地支持男友，为他买最新的碟片，买最好的小提琴，默默地陪着他练习。

随着演奏次数的增多，男友变得越来越自信，弹奏的水平也逐渐提高，如果不认真听，根本听不出和以前有什么区别。

最好的爱情不是给对方锦衣玉食，而是在对方最困难的时候依然选择无条件地支持。

香港歌手可岚和邓紫棋同一年出道，但成绩却一直不好，虽然可岚为了自己的梦想非常努力，却始终得不到老公的鼓励。

老公觉得她就是一个废物，赚不到一分钱，在她人生陷入低谷后，不仅没有安慰还经常对其家暴。因为深爱着对方，可岚选择了一次次的忍让，她这种妥协却让对方变本加厉。

有一次，劳累了一天的可岚非常疲惫地躺在床上，在外面受了气的老公直接把一盆水浇在了她的头上，整张床瞬间湿透了，那一刻可岚万念俱灰。

还有一次，可岚在外面教唱歌，因为回家晚了，老公直接把门反锁了。可岚不停地在外面敲门，但是老公就是不开，最后终于开了一个门缝，让可岚想不到的是当自己把手伸进去的时候，老公竟然把门狠狠地关上了，可岚疼得大喊大叫，但是老公丝毫不理。

在这段婚姻中，可岚不仅肉体上受到了伤害，而且心灵上也饱受摧残，在很长一段时间她觉得自己就是一个废物，有时候想自己一个人静一静，但家里的门几乎都被老公踢烂了。

可岚说："刚开始他发脾气的时候，我还跟她顶嘴，最后选择沉默却换来了他的巴掌，我终于再也无法忍受，带着孩子离开了他。"

可岚的婚姻是悲惨的，老公不仅没有对她的爱好给予支持反而对其家暴，这样的男人就是一个渣男，尽早地离开就是最明智的选择。

《妈妈咪呀》节目中来了一位跳肚皮舞的女孩，因为嫁给了一名埃及人，结婚后她再也没有跳过肚皮舞，虽然有时候心里委屈，但老公始终不理解。

婚后，他们经常因为女孩是否演出而吵架，为了结束这样的生活，女孩打算再也不跳肚皮舞了，她选择把自己所有的演出服打包卖掉。

在收拾的过程中，老公问她怎么了，女孩说："你都不让我演出了，我还留着干吗？"后来，女孩把演出服全部卖给了自己的学生。

几天后，老公突然递给女孩一个包裹，里面竟然是自己卖掉的演出服。面对女孩的不解，老公说："你非常喜欢跳舞，如果不让你跳舞你就不会开心，这样我也不开心，因为爱你，所以我尊重你的爱好。”

老公说完后，女孩潸然泪下，她觉得自己这辈子真的找对人了。

懂你爱好的人，会用你所需要的方式去爱你；不懂你爱好的人，根本不会理解你。

一个懂你爱好的人，会给你带来一段舒服的婚姻；一个不懂你爱好的人，会让你在婚姻里受到最痛苦的煎熬。

最好的爱情，就是找一个能够懂自己爱好的伴侣，相互包容不会觉得厌倦。陪伴，是两情相悦的一种习惯；懂得，是两心互通的一种眷恋。

两个人在一起生活久了，你知道他的口味，他明白你的喜好，这是最重要的，真正的爱情不仅有细节上的默契，还有心灵上的默契，你的梦想，他能理解，你的爱好，他无条件支持。

最好的爱情就是他懂你的爱好。如果他能从心底懂你的爱好，那么即使生活给了你一地鸡毛，他也能将鸡毛扎成最漂亮的鸡毛掸子，为你扫去烦恼和忧愁。

在生活中，你们会形成一种非常棒的默契，他甘愿知你懂你，你也乐意享受他的这份体贴，你们不但避免了一些无谓的争吵和矛盾，而且加深了彼此的感情。

很多感情都能经得起风雨，却经不起平淡；经得起聚散，却经不起时间考验，时间会冲淡激情，爱情也会从浪漫过渡到平凡。

如果他懂你的爱好，绝对不会让你委屈，会在漫长的岁月中陪你看细水长流，这才是爱情的真谛。

善待父母，就是善待自己

一年前，我认识一个叫小茹的女孩，母亲的去世让她瞬间成长。小茹喜欢上了一个男孩，但是母亲坚决不同意，因为男孩染有赌博的恶习，但小茹不听，为了和男孩在一起，她不惜和母亲断绝关系。

在母亲绝望的泪水中，小茹摔门而去。后来，小茹过得并不幸福，虽然小茹有好多次想拨通家里的电话，但倔强的她最终还是忍住了，这一别就是三年。

因为染有赌博，男友只要没有钱就问小茹要，时间久了，他们的矛盾越来越大，在忍无可忍的情况下，小茹终于选择了和男友分道扬镳。当她充满愧疚地回到家时，母亲却因为疾病永远地离开了。

那段时间，小茹仿佛疯了，她经常拨打母亲生前的那个电话号码。当对方接起时，她就问对方是天堂吗。最后，对方实在受不了小茹就把她拖到黑名单了，小茹再也打不进去那个电话了。

后来，小茹和我说："你知道吗？对母亲的歉意只能永远地埋葬在心底了，如果能让我当面和她道个歉，我愿意付出任何代价。"小茹说完后，整个人哭得稀里哗啦，可即便这样，一切再也回不到从前了。

父母对子女的爱都是无私的，他们会用尽一生的力气让子女变好，但很多时候都不会被理解。当他们离开后，我们才发现父母在世有多幸福。

父母的唠叨我们总是嫌烦，甚至觉得他们根本不了解这个快节奏的社会。我们用自己最稚嫩的价值观判断着这个纷扰的世界，总觉得自己才是最正确的。

去年和今年对姐夫来说可能是这一生最喜悲的两年，在这两年里，他真正体味到了生离死别的滋味。

一年之内父母双双离世，我想这世上没有哪个男人能承受住这份痛苦。当漫天的思念化成漂浮的纸屑，每个人都会心痛到痉挛，父母的音容笑貌就只能深深地埋在脑海里了。

去年，母亲身体不舒服，姐夫请假陪她做检查，但是结果迟迟未出，最后医院表示，只有切下一点身体组织才能判断最终的结果。那一晚，姐夫不断地祈祷，他希望母亲吉人自有天相，他不希望那个最坏的结果出现。

可命运总是那么无情，当最终结果出现后，姐夫瘫坐在地上，虽然他想极力掩盖这个事实，但也改变不了母亲身体癌变的结果。就在那一刻，他知道和母亲的相处的时间真的不多了。

姐夫在那段时间所有的事情都顺着母亲，为了能在她身边多待一会儿甚至不舍得睡觉，他知道这一别就再也不见了。家人决定暂时不把检查结果告诉母亲，让她快乐地过完最后的时光。

在病床前，姐夫一直不敢哭，他怕被母亲发现，当实在控制不住的时候，姐夫就去外面哭一会儿，再次踏入病房后，他肯定已把眼泪擦干。

这世上最无情的我想莫过于命运，虽然姐夫想极力挽留，但母亲还是在病痛的折磨中去世了，那一晚，姐夫仿佛一下苍老了十岁。

有人说，男人一生会历经两次真正成长，第一次是孩子出生，第二次是亲人去世。孩子的出生能让一个男人懂得什么是责任，而亲人的去世会让男人变得成熟，因为在他们的身后再也没有了依靠。

姐夫送别母亲后，整个人都变得非常消沉，但谁也想不到后面的事情更加糟糕。事隔 5 天姐夫的父亲因车祸去世，他甚至没有来得及看父亲最后一眼，就在那么一瞬间，他们阴阳两隔。

这世界最悲痛的事莫过于生离死别！

姐夫说：“那一刻，我突然觉得自己的世界倒塌了。”虽然在人前姐夫极力掩盖自己的悲伤，但是每个夜晚他都会偷偷地流下泪水。

有那么一段时间，他想父母想得发狂，甚至希望这世间能有一条通往天堂的路，即使路途再遥远，他也要走去看看，他没有别的要求，只是想看看父母在天堂里过得好不好。

为人子女有时候我们真的太自私，当父母在你身边时，我们总是有太多抱怨，嫌弃父母没有给我们创造更好的条件，甚至埋怨他们蹒跚的脚步跟不上生活的节奏。

时光匆匆，岁月无情，当父母永远地离开后，我们才知道他们曾经的好，只是一切都已经晚了，因为这世间真没有通往天堂的路，在未来的日子里你想看他们一眼那也是永久的奢侈。

多少次在梦里看到父母苍老的容颜，又有多少次醒来后看到枕头上的斑斑泪渍，虽然每次都想抓住那个远去的背影，但真的无能为力。

单位徐姐是一位远嫁的女儿，母亲去世的时候她正在口若悬河地谈着业务，当接到家里打来的电话时，她整个人都怔住了。客户忙问她怎么了，徐姐什么话也没有说，却早已满脸泪水。

年前，她还答应母亲过两天去看她，但是没想到她还没来得及动身，母亲却永远地走了。也许母亲在病床上等了无数个“两天”，但就是等不来徐姐的身影，在遗憾中悄然地离开了人世。

后来的一段时间，徐姐都陷在深深的自责中，夜晚睡觉的时候脑海中总是浮现母亲的影子，她一直以为母亲是带着怨恨走的，当无数次的盼望变成奢侈，一个人的心就会变凉。

很多时候，我们总是以忙为借口，不舍得拿出自己丁点的时间来陪伴父母，总觉得时间还早，彼此之间还有很多机会，当意外猝然不及，我们几乎无力招架。

徐姐说：“如果时光能倒流，我绝对不会这么忙碌，一定会拿出时间多陪陪他们，但我知道这是奢侈，这一别就是再也不见。”徐姐哭着说这话的时候，我们的心里也充满了悲伤。

这世界上最无情的莫过于时间和命运！

无论你怎么努力，时间都不会为你而停留，命运也不会为你改变，我们要做的就是珍惜现在。也许现在的你觉得母亲的唠叨很烦，但我相信等失去后你一定会觉得那真的宛若天籁！

如果父母还在你身边，那你一定要好好珍惜这最后的缘分。

朱自清在《背影》中说“最近两年不见，父亲终于忘却我的不好，只是惦记着我，惦记着他的儿子。”每当看到这句话时，我心里就非常难过，父母与子女之间最重要的永远都是血浓于水的爱。

很多时候，我们总是在失去以后才懂得珍惜，总是再也无法挽回时才后悔当初的行为，在这世上，无论我们怎么样，一直惯着你的，我想也就只有父母了。

“树欲静而风不止，子欲养而亲不待”这句话说得不错，善待年迈的父母就是善待自己。你要知道，在这世上你们的缘分已经不多了，千万别等到一切无法挽回时，你再痛哭流涕。

如果可以，你一定要停下忙碌的脚步，多陪陪他们，用心感受你们彼此之间的爱，我想这真的是很美妙的一件事。

好的爱情会让你的人生充满幸福

这是网友小马的故事。

小马是我的一位网友，她属于那种敢爱敢恨的女孩子，大学期间她一直忙于学业，差点耽误了自己的终身大事。工作后，她认识了一个男孩，用小马的话来说，他们是一见钟情。

那天，我正在午睡，小马给我打来了电话，我刚接起，她就在电话那端高兴地说："哥，我恋爱了，我生命中的白马王子终于出现了。"我在电话里祝福她，并让她把男孩的照片发过来，当小马发过来之后，我发现男孩确实是一个标准的大帅哥。小马告诉我男朋友绝对是外貌协会的会长，看到她那么开心，我在心里默默地送去了祝福。

那段时间，小马告诉我她生活得非常幸福，男朋友对她非常疼爱，并在节日的时候给她带来巨大的惊喜。虽然那时的生活条件有点差，但是他们彼此都被幸福包围。

有一次情人节，男孩把他们租住的地方装饰成了花的海洋，整间屋子在灯光的照耀下美丽得有些耀眼，电脑里一直在循环播放着张宇的《给你们》。

当小马开门的一瞬间，男孩手捧一束玫瑰花深情地说："我的女神，节日快乐！"小马说："哥，你知道吗？我当时被感动得一塌糊涂，我就想这辈子跟定这个男人了。"

有了男孩的陪伴，小马上网的时间少了。

有一次，小马破天荒地上了一次网，她对我说："哥，你知道吗？爱情真的很美好，我从来没想到自己会如此幸运。"我笑着说："两个人能彼此相爱确实不容易，哥真心地恭喜你。"我刚说完，她的头像就变成了灰色。

转眼间，小马恋爱已经两年了。父母提出让她带男孩回家，小马兴奋地带着男朋友回家了。在家里，男孩尽可能地表现着自己，这让小马的父母非常满意。但让人想不到的是这份满意仅仅持续了一周，小马的父母就变了脸。

原来，陷在热恋中的小马忘记了问男孩的父母是做什么的。当得知男孩的父母是农民，父亲患有脑梗时，小马的父母沉默了。他们知道男孩虽然非常的努力，但以他们的条件根本无力在市里购买一套房子。小马的母亲对男孩说："我不可能让女儿跟着你一辈子受苦。"尽管男孩一再保证绝对会给小马幸福，但是也改变不了这个结果。

男孩走后一直给小马发短信，说自己是多么的爱她，并说自己会为了她努力去奋斗。小马也曾试图说服父母，希望他们同意两个人继续交往，但是父母的态度很坚决。

母亲对小马说：“丫头，生活是残酷的，他们的家庭注定会成为你一辈子的负担，在生活面前，爱情是没有任何意义的，你就断了这个念想吧。”

那晚小马哭得稀里哗啦。母亲告诉她，如果小马一直坚持，那么她们就断绝母女关系。

时间久了，他们逐渐变成了陌生人，小马想给他打电话，但每次拿起电话又放下，因为她不知道到底该说什么。这时候男孩给她在微信里留了言，他说自己根本没想到小马是这样的人，他说小马就是一个被物质冲昏了头脑的人，他们之间这份感情或许只是一个错误。

男孩的留言突然让小马想明白了，她跟母亲说：“无论怎样，我都要和他在一起，请相信我们一定会幸福。”母亲当时气得让她离开这个家。

当小马告诉男孩，她一定要嫁给他时，男孩感动得一塌糊涂。

为了能在一起，他们彼此改变了很多，在父母的反对声中步入了婚姻的殿堂。为了这份难得的幸福，他们用尽自己的全部力量来经营属于自己的生活。后来男孩顺利地升职，他们的生活也越变越好，父母的脸上也终于露出了笑容。

小马和我说："哥，当时我真的很矛盾，但是我知道自己很爱他，所以我不会轻易选择分手，就和命运赌了一把，没想到我真的赢了。"看到她满足的样子，我真为她高兴。

也许，爱情和生活完全不一样，但是只要彼此之间有爱，我相信一定会拨开生活的迷雾。

生活也许会有暂时的苦，但总有变好的时候。其实，我一直觉得结婚就是两个人的事，跟家庭无关。虽然这样说有些片面，但是我很多自由恋爱的朋友都过得很幸福，在爱情的滋润中他们一直保持着彼此喜欢的样子。

有人说，这一辈子能够彼此爱着就是幸福的，也有人说相爱容易相处难，但有千难万难绕不过的是如何求同存异。通俗地说，就是是否保持住彼此喜欢的样子，如果真是这样，我想爱情一定会细水长流。

好的爱情会让彼此间充满力量，让他们无所畏惧生活的磨难，他们的爱情每天都会充满新鲜感。

好的爱情就是两个人至真的坚持，为了这份感情他们甚至不惜一切，我想这应该就是爱情的真正意义。

好的爱情是一种简单的甜蜜，在自己懵懂的时候遇到一个可以相伴的人，共同来经营生活的美好，应该就像著名爱尔兰诗人罗伊·克里夫特所说："我爱你，无所畏惧，不光是因为你的样子，还因为，和你在一起我们幸福的样子。"

用爱贯穿的世界更美好

近日，网上一则“广东省珠海市金湾区南水镇附近有人当场宰杀白海豚”的消息瞬间刷屏网络，据有经验的网友鉴定这是幼龄中华白海豚，属于濒临物种，是国家一级保护动物。

讲真，看到白海豚被猎杀，我心里突然莫名的很难受，这倒不是因为它是珍稀动物，而是一个生命的瞬间陨落。电影中，我们经常看到，迷途的轮船在白海豚的引领下，终于找到生命的出口，温馨的画面在一瞬间同框。

脑海中总是反复想起姚明的公益广告，那句“没有买卖就没有杀戮”一直戳痛我的内心。我并不是矫情的人，可每次只要看到很多动物因为人类的贪婪而丧失生命，就会非常难过。

我是哭着看完电影《可可西里》的，因为利益的巨大诱惑，不法分子大肆捕杀藏羚羊，当成千上万的羊皮从黄沙里找出来时，我想没有一个人不会流泪，因为利益我们总是残忍地摧残它们的生命。

其实，动物和我们一样，它们也完全具备爱的能力，只是我们一味地杀戮让它们开始害怕，也许在它们眼里，我们就是杀人不眨眼的刽子手。

突然想起一个温馨的画面，2016 年巴西一位老人救下了一只濒死的企鹅，然后将它放归海里。没想到，此后的每一年，企鹅都会游近万公里回来看他，与他亲密地相处 8 个月后再依依不舍地离开。

老人说："现在我们已经愉快地相处了 5 个年头，我就像爱自己的孩子那样爱着它，我相信它也爱我"，老人的一句话，把人与动物的和谐描述得淋漓尽致。

人若有爱，动物怎会无情？

电影《一万公里的约定》里有一个细节，主人公跑沙漠马拉松的时候碰到一只受伤的独狼，他冒着巨大的危险给这只独狼包扎伤口，刚开始独狼一直在反抗，当最后它明白了后，就变得非常乖巧。后来，主人公在沙漠里遇到困难，如果不是独狼的帮助，或许他再也走不出沙漠。

其实，每只动物都是善良的，如果你在它们身上付出足够的爱，那么我相信它们一定会用生命来偿还。

在动物眼里，人类是最高大的，也是对它们安全构成最大威胁的，因此很多时候它们总是用自己外表的凶恶来掩饰内心的恐惧。

有一位探险者在沙漠里救助了一匹白骆驼，于是，他总是能在最危难的时候得到它的指引，因为它的帮助，探险者找到了生命的源泉，走出了随时埋葬人类的沙漠。

其实，白骆驼也是懂爱的，探险者的帮助它铭记在心，因此它一定会把探险者带出这个人间地狱，懂得付出爱的人能为自己留下生的路标。

善待动物的人一定会得到福报的，也许在短时间内他们依然生活在贫困中，但他们的未来一定不会太差。懂得付出爱的人一定是有大智慧的人，善待每个生命其实就是善待自己！

以前看过一个故事，有一位老人20多年来一直独自生活，儿女为了让他解闷便抱回来一只狗，刚到家时只有一岁多。从此，这只狗成了老人最亲密的“朋友”。

他们不仅每日相伴，而且还同吃同住，有什么好吃的，老人准会分出一半给狗，而这只狗对老人也非常忠诚，不管老人去哪，它都一步不离地跟着。

10年过去了，老人已近耄耋，狗也成了老狗，老人嘱咐儿女们，如果自己不在了，一定要善待这只老狗。不久前，老人因病去世，从他走那天起，这只狗就再也没吃过一口东西。

老人的儿女决定带狗去墓地看看，来到墓地后，让人想不到的是这只狗竟然围着主人的墓地绕了两圈，最后一头扎进了旁边的河里，再也没出来。

其实，动物也有真情感，如果人类能赋予它们足够的爱，那么它们一定会用自己的生命来回报，从它们身上我们不仅能看到善良，还能看到亲切。

人总是以万物之灵长而自居，整天在世界上拿着明晃晃的刀诠释着我们作为人类的特权，把世间的大爱践踏得支离破碎，有时候我真觉得还不如一只有爱的动物。

也许人类在宰杀幼豚的时候，看不到它父母在海里的悲鸣；也许他们捕杀藏羚羊的时候，看不到它们哀怨的眼神，但他们沾满鲜血的双手一定会让自己此生寝食难安。

佛语说，放下屠刀立地成佛，这里所说的屠刀并不是明晃晃的武器，而是一个人心存的杀念，当我们掌管了动物的生死，如果不控制自己的杀念，那么我觉得这世上肯定也是一片血腥。

其实，在动物眼里，我们就是疯狂的“纳粹分子”。

世界讲究和谐，能够做到的或许只有爱，因为只有在爱的世界里，我们才会有善念，我们才懂得换位思考。当亲人去世，我们何尝不是痛哭流涕？当你宰杀动物，它们的父母或者子女何尝不是这样？

这世上不仅只有人有情感，动物何尝不是如此！

如果你愿意，请放下手中的刀，学会用爱沟通，当你对它付出了全部的爱，它怎么会感觉不到呢？我相信用爱贯穿的世界一定会充满美好！

总有一种爱情
会让你泪流满面

朋友L更新了朋友圈："虽然在我最差的时候，遇到了你，但我非常庆幸有这一路的幸福"，照片上是一个扎着马尾、满脸笑容的姑娘。

只是谁也没有想到这个阳光的女孩曾经徘徊在生死边缘，尿毒症晚期，需要尽快肾移植。当主治医生宣判这个结果的时候，L的天空一片阴霾，对未来美好的期许在一瞬间变得遥不可及，曾经山盟海誓的男友也马上弃她而去。

L曾经悲痛地说："所谓天堂与地狱的距离，我想不过是一念之间。"

绝症袭来，所有的悲痛化不成前进的力量，在现实面前那个一直微笑、穿着碎布裙子的姑娘不见了，剩下的是一个人的万念俱灰。

所幸，命运总会给人带来生的希望，在被病痛折磨了无数个日夜后，面容憔悴的L终于迎来了她的春天，那天阳光格外的好，万物仿佛在一瞬间焕发了生机。顺利的肾移植后，L终于有了重新活下去的勇气。

重生的L总是刻意地隐藏着自己，在单位里总是微笑着对待身边的每一个人，只是她从未想到，属于自己的爱情竟然能在这里开花结果。

有一天，单位里新来了一名小伙子，当他坐在L旁边肆无忌惮地抽烟时，众姐妹们非常生气，也就是从那一刻起，小伙子才知道L是患过大病的人，非常怕烟味。

这位小伙子没有想到L的人生竟然如此坎坷，他总是有意无意地帮助她，其实L很清楚，或许对方只是有些同情她。同事告诉L如果对方一直这么做，那么只有两个可能，要么对方喜欢她，要么就是简单的帮扶，L觉得他们之间肯定属于后者。

情人节那天，L的桌子上有一束娇艳欲滴的玫瑰。下班后，L收到了那位小伙子的短信，出于礼貌L陪他来到了离公司最近的星巴克。L说："你知道吗？我永远忘不了那双深情的眼睛，忘不了那个让幸福定格的瞬间。"

当男孩说想做她男朋友时，经历过生死的L半晌没有说话，其实L不是不喜欢，而是不知道怎么面对这突如其来的追求，虽然只有短短的几分钟，但L却觉得仿佛一个世纪。

L对男孩说："你知道我的情况，跟我在一起，你注定要过颠沛流离的人生，这对你真的不公平。"

男孩笑着说："总有一份爱会为某个人停留，它不需要解释，仅仅需要两个人默默地去感受，如果有爱我们会把一天过成一个世纪，如果没有爱那么即使一个世纪不过也是匆匆几秒。"

为了和L在一起，男孩几乎天天接她上班，手术后L的身体经常会出现排异，男孩就不厌其烦地陪她去医院。为了让她的身体尽快得到改善，男孩甚至担负起了L的一日三餐，在男孩的努力下，L的身体越来越好。

有种爱真的很奇妙，它总是在一个人最艰难的时候完美绽放，总是在一个人对生活失去希望时款款而来，它带着呵护与陪伴总能让人泪流满面。

在爱情的滋润下，L逐渐变得开朗，她说："爱来不拒，或许是我对自己最大的救赎，无论怎样，我想此生我一定能幸福下去。"我想这或许就是爱情的力量。

昨天，有位失恋的粉丝留言，希望能得到我的安慰。我跟她说："用最好的姿态等待吧，总有一份爱情会在你想不到的时候悄然而至。"

一直以来，我从未写我的妻子，那位扎着马尾一直微笑的尹女士。

每一个女孩都曾经盼着最美的童话婚礼，都曾对自己未来的婚姻充满期待，但是尹女士却在我失恋的时候跑进了我的生活。那段时间的自己仿佛一个病入膏肓的病人，感受不到生活中丝毫的甜蜜。

我曾经和尹女士说："我没房子，脾气不好，你还嫁吗？"

尹女士毫不犹豫地说："嫁！"当我傻傻地问她为什么时，她微笑着说："没有为什么，就是因为很爱你。"那一刻，她仿佛是我人间的四月天，她选择了爱我，为了我她愿意陪我过这起起伏伏的人生。

如今，结婚四年了，我们依然被彼此的爱包围。有时候真的是这样，在不经意间总有一个人能陪你到永远，总有一个人会让你懂得爱情，会让你鼓足勇气努力地走下去。

总有一种爱情会让你泪流满面，会让你一生幸福，就像周有光和张允和夫妇的爱情。

张允和爱上周有光后，便立刻想嫁给他，但是周有光一直很犹豫。他说："虽然我很爱你，但是我怕给不了你幸福。"

面对周有光的坦诚，张允和爱得更热烈，并道出爱的宣言："幸福并不是你给的，而是我们一起去创造的，我想这才是爱情应该有的样子。"

很快，他们便举行了成婚仪式，婚后的光阴如流水，他们的感情也细水长流，因为有爱，他们彼此搭建了一个温暖、坚实的家。

也许，爱情对每个人来说都很奢侈，但是只要你能用最好的姿态来迎接，我相信一定会拨开爱情的霾，等来那个陪你终生的人。

总有一种爱情会让你的人生充满幸福，在自己懵懂的时候总会遇到一个可以相伴的人，共同体味这份久违的快乐，不需要我们刻意去争取，它总能在你最需要的时候悄然而至。

别再拿养家糊口做你的借口

1

朋友小丁更新了朋友圈："这次，我一定要离婚，真不明白自己当初为什么会看上这个女人。"小丁的动态在朋友圈里引起了强烈的反响，很多熟知他们的朋友甚至都不相信。

小丁和女友谈了八年恋爱，感情基础非常的牢固，当时女友的父母不同意他们在一起，但女友坚持自己的决定，甚至不惜和父母断绝关系。在女友的坚持下，父母妥协了，他们也终于步入了婚姻的殿堂。

一段时间来，小丁一直觉得愧对妻子，因此他非常卖力地工作，尽自己最大的努力撑起一个温馨的家。刚开始他们生活得非常幸福，但慢慢地他发现一切变了样子。

他们之间逐渐开始有了争吵，有时候小丁就跟我们抱怨：“这些年来我一直觉得对她很愧疚，因此就加倍努力地工作，可她越来越不理解人。”小丁说完后，我们几个就劝他放宽心。

原本，我们以为他们有良好的感情基础，因此不会轻易选择离婚，但事实证明我们错了。在一个春日的午后，他们的婚姻最终走到了尽头。

离婚后的小丁有些消沉，整天借酒消愁，后来朋友的一席话让他恍然大悟，但一切已经晚了，小丁哭着说：“原来，我一直理解的养家糊口是错误的。”

很多人觉得养家糊口就是拼命赚钱，因此他们在外面努力工作。真正懂得养家糊口的人会在家庭生活中学会换位思考，如果两个人的感情出现了生疏，那么赚再多的钱又有什么用？

养家糊口不仅仅体现在物质层面，还体现在精神层面，如果一个人一直用金钱作为家庭生活的幸福指数，那么这真的很可悲。

两年前，我采访了一对老人，他们虽生活得非常清贫，却非常快乐。他们对别人都非常热心，把省吃俭用的钱全部捐给了希望工程。老人告诉我自己最受不了的就是看到很多孩子因为贫困而不能上学。

对于他们的做法，我确实有些吃惊，因为他们生活得非常清贫，也就是能勉强糊口。当我委婉地告诉他们要多为自己考虑时，老人却笑着说："我们生活的已经不错了，一日三餐不愁，没病没灾的非常幸福。"

离开的时候，我对老人竖起了大拇指，这并不是因为他们的善举而是他们对生活的态度，虽然在物质上他们勉强能养家糊口，但是在精神上他们高度契合，真正地向我们诠释了生活的真谛。

我们总以为养家糊口就是吃饱喝足，因此我们拼命赚钱，总想把最好的给家人，但殊不知精神上的养家糊口更加重要，一个人的快乐永远不是来源于物质而是精神富足。

2

对亲人的长久陪伴，这也是懂得养家糊口的体现。

去年，朋友小周的父亲去世了，那段时间小周整个人状态都非常不好，他觉得自己的靠山在一瞬间倒塌了。小周母亲去世的早，他们父子相依为命，日子过得非常清贫。

小周大学毕业后，就发誓一定给父亲创造最好的生活条件，但命运总喜欢捉弄人，在他参加工作两年后，父亲患病了。

那段时间，小周拼命地在外赚钱，他想用尽自己所有的办法来挽留父亲，当医生宣布无力回天时，他还抱有一丝幻想。每天天不亮他安顿好父亲就出去工作，父亲看到他出去，每次都欲言又止。

小周一直觉得父亲肯定是嘱咐自己不要太辛苦，但他一直觉得亏欠父亲太多。虽然小周很努力，但是父亲还是离开了。父亲去世那天，小周说：“我一直以为努力赚钱才是对父亲最大的孝顺，但没想在最后的时候，父亲希望我能多陪陪他。”

我们总是拿养家糊口作为幌子，觉得自己在外面拼了命，那么家人就得从心底里认可我们，可是这种生活并不是家人想要的，而是我们强加给他们的。我们一直觉得自己为家庭付出了太多，但殊不知家人并不喜欢。

在家庭中学会照顾自己，这也是懂得养家糊口的体现。

以前看过一个故事，有个男人通过勤奋和善良打拼出了一片天地，让家人过上了好日子。他不仅是一个孝顺体贴的好儿子，还是一个称职的好丈夫。

由于，他没有兼顾好自己的身体，老天并没有因为他是一个所有人眼中的好人而放过他，最终还是把他带到了另外一个世界。

男人觉得自己生前积德行善，死后应去天堂，可是却莫名其妙地来到了地狱，这让男人百思不得其解，于是他准备去天堂问清原委。

上帝将他带到一个可以看到人间百态的窗口，男子清楚地看到，由于自己的离开：年迈的老父亲不得不去看大门勉强糊口；貌美如花的妻子也不得不给人打工，承担起生活的重担，如今的她已经憔悴苍老了很多；再看看心爱的儿子，也因为无力支付高昂的学费，遭受着同学们的排斥与嘲笑。

男人将这一切看在眼里，他的心在滴血。这时，上帝说："因为你的离去，你的至亲至爱陷入极度痛苦之中，在人间过着地狱般的生活，凭什么你该进天堂？"

上帝说完后，男人突然间醒悟了，他虽然一直为家庭付出，却忽略自己的离开会给家庭带来什么样的灾难。其实，懂得养家糊口就要首先学会爱自己，因为只有这样才有能力爱别人。

3

一个人只有拥有了健康的身体才能够给家人遮风挡雨，才能撑起一个充满温馨的家。一个懂得善待自己的身体的人必定是为家庭负责的人，也是真正意义上懂得养家糊口的人。

到底什么才是真正意义上的养家糊口？

我一直觉得养家糊口不是简单地生活，而是人生的一种表现形式。会养家糊口的人会让整个家庭变得和谐，不会的人只会让家庭生活更加糟糕。养家糊口不仅仅是简单的吃饱喝足，还是一个家庭是否和谐的折射。

真正的养家糊口应当包含四点：彼此之间懂得换位思考；家庭精神上乐观的态度；亲人之间长久的陪伴；在家庭中懂得照顾好自己。

如果小丁懂得换位思考，明白妻子独自在家里的感受，那么他们的婚姻一定会幸福下去；如果两位老人一直注重物质上的生活，那么他们两个人也不会在家庭生活中活得非常乐观；如果小周能拿出时间多陪陪父亲，给父亲带来精神上的富足，那么也不会留下长久的遗憾；如果男人懂得照顾自己，那么去世后也不会让家人陷入水深火热中。

如果可以，千万不要只做一个在物质上养家糊口的人，因为这样的你，家人真的不会很喜欢，他们不想让你在外面这么累。我一直觉得懂得真正意义上养家糊口的人注定是人生的赢家。

第六章 我的成功，就是好好活着

成功就是用喜欢的方式好好活着

知乎上对成功有很多种见解，有人说成功就是功成名就，荣归故里；有人说成功就是实现自己的梦想，走上人生的巅峰；还有人说成功只是内心的一种渴望，是一个引人奋进的梦想。

那么，到底什么是成功？

我永远忘不了三年前的那个下午，单位里新来了一名实习生，来送她的老父亲衣衫有些褴褛，但看上去精神倒也十分矍铄。后来，领导让女孩跟我实习，我才知道她的故事。

女孩的母亲去世得很早，在父亲年轻的时候，有人劝他再找一个，但是他怕这样会对女儿不好，因此他就把这份寂寞独自隐忍了下来。很多年前，他是一个精壮的小伙子，为了女儿的梦他把自己变得有些狼狈。

我跟女孩探讨过成功，原本我以为女孩会说一些大道理，比如让自己无悔青春之类的话，但是女孩的话却戳中了我内心的某个痛点。

她说："父亲身体不好，我想成功就是我们都能够好好活着。"

好好活着看似很简单，但是我们什么时候好好活过？拼命地坚持，努力地改变，一遍又一遍和别人诠释着自己的梦想，我真不知道这到底有何意义？每个人都太忙碌，忙着赚钱，忙着事业，忙着出人头地，可这样的代价是我们从来没有享受到生活的乐趣，我想这是可悲的。

每个人都想成为马云，可是马云只有一个，我觉得你在自己的世界里能快乐就是成功，因为你对生活用了心。

昨天，我去参加一场客户答谢会。为了表达对客户的感谢，主办方专门请来了二人转表演，在东北有句俗话"宁舍一顿饭，不舍二人转"。讲真，他们两个演得不错。

演出结束后，我找到了那位小伙子，我说："每天都这么演，难道不累吗？"对方看了我一眼说："早就习惯了，已经没什么感觉了。"突然之间，我有些可怜他，不知道他们背井离乡到底为了什么，他们或许永远到不了成功的彼岸。

我自以为很聪明地说："这确实不是好差事，等攒攒钱，你们就可以好好去追逐自己的梦想了。"他有些惊讶地问："我觉得挺好啊，这里有我的梦想，这是我喜欢的生活方式，我觉得自己挺成功的。”

原来，辛苦的表演里藏着他的梦想，藏着他最喜欢的生活态度，藏着他对成功最深刻的理解。

我们总是按照自己对成功的理解去绑架别人，感觉他们如果不去追逐梦想就是堕落，现在我才知道这样的认为到底有多么可笑。每个人的生活都不一样，每个人对成功的理解也不一样，我们要做的或许就是尊重别人的梦想，因为那里有他们最爱的生活方式。

我们没有王健林的魄力，随便定个目标就是一个亿；我们也没有马云的狂傲，这一生最瞧不起钱。我们有的只是内心最小的渴望，那就是对生活满足的态度。

成功真的很简单，我想就是用你自己喜欢的方式认真地过好每一天。

这世界上有太多平淡的人，他们这一生都没有大风大浪，陪着自己挚爱的人悄然地离开这个世界，我觉得这也是成功。

我有一个朋友在一家房产公司做策划，在大家的眼中他有非常澎湃的工作激情，有很努力的工作状态，他一直觉得成功就是出人头地。

有次，我们一起吃饭，我说：“你要注意身体，每天这么奔波小心身体吃不消啊。”朋友笑着说：“革命尚未成功啊，因此我必须得努力。”对于他的坚持我并没有多说什么。

朋友似乎真的很拼，甚至连给自己买衣服的时间都没有，在一家专卖店里挑出一件满意的衣服，就会图省事买下四五件同款的。在生活中他根本不舍得休息，朋友喜欢电子游戏，他说："去年为了玩某款游戏，我特意买了一台新电脑，但是到了年底，自己还没进过一次游戏。"

命运似乎总喜欢开玩笑，最近朋友体检查出了肝癌，他们原本幸福的一个家庭在顷刻间突然倒塌。为了让他安心，单位里专门组织了捐款，但是这根本就是杯水车薪。无数次的化疗让他好几次想放弃生命，好在最终咬牙坚持了下来。

我去看他，他哭着说："命运真不公平，我所有的梦想都搁浅了。"看着日渐憔悴的他，我突然不知道说什么，而在一年前他曾和我说，自己要努力赚钱，争取早日换一所大房子，买一部好车子，但是现在能好好活着成了他最大的奢侈。

他说："我永远没有想到，有一天好好活着会成为我最大的梦想。"他说完的这一刻，我泪如雨下。

在人生的道路中，我们中的大多数人都必须奋斗，因为对未知的生活充满恐惧，我们没有丝毫办法。但奋斗并不能忽略人生的风景，如果你努力了很久，依旧没有达到自己想要的层面，那么按照你自己喜欢的样子活着未尝不是一种美好。

好好活着是对生命的一种态度，是对自己人生最大的负责。

这世上每个人都很苦，每个人都为了生活努力前行，但无论怎样努力，能否在自己的人生道路上对自己负一点责？我想这应该是很简单的事情。

每个人都活得太匆匆，为了追赶通往人生之巅的列车，他们用尽了力气，可殊不知人生的重点就是活着的风景。你一次次的忽略，当你有一天再想看看时，所有的一切都变了，世界还是那样，却没了你的影子。

好好活着是对一个人幸福的最大肯定，好好活着是对成功最完美的诠释，我相信能好好活着的人注定是幸运的。因为他们对生活认真了，生活又怎么会负了他？

你的快乐与钱多少真没关系

一个人的快乐与钱的多少到底有多大关系？

三年前，我和同事小梅一起去逛商场，其间小梅看上了一款标价 800 的鞋子，她反复试了好几遍后问我：“你说我穿这鞋子好看吗？”平心而论小梅穿这鞋子真的很好看，我笑着说：“当然好看，既然你那么喜欢就买了吧。”

小梅犹豫了很久，最后还是选择了放弃，我有些惊讶地问：“既然那么喜欢为什么不买呢？”小梅说：“这鞋子我确实挺喜欢的，但是价钱太贵了，我们最近刚买了房子，还是省点好。”离开商场的时候，我明显看到小梅有些失落。

在他们的精打细算下，他们逐渐摆脱了以前的窘迫，把好日子过得风生水起，逐渐成为我朋友圈里最富有的人。

昨天，我去逛商场的时候再次碰到了小梅，她正在不厌其烦地试一条裙子。小梅看到我后招手让我过去，从她的眼神里我看到她对这条裙子非常喜欢，但她似乎仍然很犹豫。

小梅试衣服的时候，售货员对我说："她穿这条裙子真的很好看，我觉得她犹豫的原因可能是家庭条件不好，等她出来，我再给申请打个折。"讲真，售货员说完后我非常吃惊，或许她根本不知道小梅现在是一个非常有钱的人。

后来，任凭我和售货员怎么劝，小梅还是没有买，当我问她为什么时，她还是笑着说："我的衣服已经够穿的了，真没必要买了。"其实，我知道小梅几乎没有几件像样的衣服，虽然小梅这么说，但离开商场的时候她还是不太开心。

其实，一个人的快乐真的与钱的多少没有半点关系，有些人虽然经济水平很好，但她们宁愿让自己不快乐也不舍得花钱，仿佛花钱对她们来说是很奢侈的一件事，我想小梅应该就是这样的人。

钱对每一个人来说都是重要的，它能决定我们的衣食住行，但它真的决定不了我们的快乐。有钱的人未必会活得轻松，没钱的人也未必会活得艰难，决定我们快乐的实际上是我们对钱的态度。

在对钱的问题上，很多人容易走两个极端，要么有钱不舍得花做一个守财奴，要么没钱，却花得大手大脚，其实这两种方式都是错误的，这样的结果只会让你和快乐的距离越来越远。

我有一个朋友，她就是生活中花钱的高手，在商场里只要她看上的一般都会选择购买，有段时间她甚至靠刷信用卡度日。大多数买来的东西她基本不用，衣服也是穿几天就送人，但每次她都控制不住自己花钱的欲望。

有一次，我对她说："既然很多东西都不需要，为什么还要买买买呢？"她有些不屑地说："你懂什么，既然我买当时肯定是需要的，只有花钱购物的时候我才觉得快乐。"她说完后，我真不知道作何回答。

在生活中，像我朋友这样的人比比皆是，她们明明没有很强的消费能力，却一直喜欢到处炫耀，仿佛只有这样，她们才觉得自己活得很快乐。

其实，决定你是否快乐的真的不是金钱的多少而是对生活的态度。

在我们小区门口经常会碰到一位捡破烂的老大爷，他脸上每天都挂满笑容，不仅如此他偶尔还会哼个小曲，虽然捡破烂一天卖不了几个钱，但我却觉得他活得真潇洒。

一天，我笑着问他为什么每天都如此快乐，他乐呵呵地说："小伙子，其实我是真想开了，在这世上我们活一天就少一天，为什么不开心快乐地活？"他告诉我以前也是想不开，以为只要努力地赚钱就能活得非常快乐，直到一场大病后他才知道自己的快乐真的与金钱无关。

他说："金钱可以提高我们的生活水平，但永远无法买到我们的快乐。”

以前看过一则新闻，一个小伙子因为没有钱买自己钟爱的电脑而一直郁闷，虽然有人劝他买，但是他担心会给自己带来沉重的负担，所以很长一段时间他一直活在矛盾中，丝毫体味不到生活带来的乐趣。

后来，有人问他：“如果你连自己最喜欢最有用的东西都得不到的话，那么你的生活还有什么快乐可言。”最后，这位小伙子咬牙买下了这台电脑，因为一直做着自己喜欢的事，小伙子非常的开心，他也很快还掉了这笔钱。

其实，生活中我们需要花很多钱，但如果我们花掉的每一笔钱都不能给自己带来快乐，我真不明白这样的生活还有什么意义。

那么真正的快乐到底与什么有关？

村上春树创造了一个词——小确幸，指的是微小而确实的幸福，是稍纵即逝的美好，我想这其实就是一种快乐。

村上春树说生活中的小确幸非常多，比如买回刚刚出炉的面包，站在厨房里一边用刀切片一边抓食面包的一角，那一刻可以察觉到快乐的存在；独处时，一边听勃拉姆斯的室内乐，一边感受阳光带来的暖意，生活就会非常美好。

可在这个世界上，总是还有那么多人以为只要自己有钱，就会活得潇洒快乐，其实这是错误的。如果你在生活中多留意，肯定会发现那些心底的快乐真的与金钱毫无半点关系。有时候，突然的一个瞬间、某一段温暖的话、街边的风景，都能让我们快乐起来。

我一直觉得我们心底的快乐不需要任何条件，它是我们内心最原始的技能，如果我们真能抛开一切一直快乐下去，这该是多么幸运的一件事。

姑娘，卖卵子
真不会有一个好的未来

最近，一则《女孩卖卵 20 颗获 2.5 万元报酬，秒换 iPhone7》的新闻在网络上刷了屏。一位叫小雨的女孩因为缺钱，通过一家名为“添丁集团”的中介公司进行了人工取卵手术，将自己的 20 颗卵子转卖并获得 2.5 万元报酬。

更让人惊讶的是，手术环境非常恶劣，不仅手术室是在公寓楼里私自改造的，手术前甚至都不能打麻药，取完卵后，小雨痛得说：“我感觉整个人都虚脱了，连手术台都下不来了。”

生殖科权威的医生说：“女孩子卖卵是在拿生命开玩笑。”而小雨之所以开这个玩笑是因为自己缺钱。如果一个女孩因为生活确实无法继续，卖卵换钱养家糊口这倒是情有可原。

古有卖身葬父，今有卖卵养家，如果真是这样，那么这位

90 后小姑娘值得大家为她点赞，而事实上她卖卵的根本原因竟然是为了一部手机。为了一份小小的虚荣险些付出自己的生命，这到底值不值？

很显然，我相信大多数女孩不会去冒这个风险，如果虚荣要付出生命的代价，那么这是非常不值得的。每个女孩都想在人群里有自己的位置，因此很多人喜欢用物质的东西来刷自己的存在感，可殊不知这才是最让人耻笑的地方。

在这个纷扰的世界上，大多数人都会遇到没钱的窘迫，尤其当亲人生病自己又无能为力时，钱在这一刻就显得非常重要。

虽然有时候获得钱的途径非常难，可我想只要沉下心来总能想到解决的办法，但凡一个明智的人，绝对不会因为钱而拿自己的生命开玩笑。

一年前，我认识一位叫小茹的女孩，父母早逝，和年迈的奶奶相依为命，但我在她身上从来没有看到过痛苦，而是快乐顽强地挑战这个残酷的世界。奶奶眼睛不太好，她每天早起做好饭，然后去上学，下午回家后，依然快乐地操持着家务。

考上大学，由于需要交学费，村里人想给她捐款，但是小茹拒绝了，她告诉村支书自己已经在学校里申请好了助学贷款，唯一放心不下的就是自己的奶奶。面对这个坚强的女孩，村支书承诺一定会帮她照顾老人。

后来，因为工作的关系，我和小茹有过一面之缘，了解她的事情后，我说：“你难道没有怨恨过这种生活吗？”小茹笑着说："怨恨真的谈不上，虽然当时也感觉到了命运的不公平，但无论如何生活还得继续。"

对钱的态度，其实也是一种独立能力的体现，往往越是独立的人他们越能客观地去认识钱，给自己的人生做好规划。而独立能力差的人却一直幻想天上掉馅饼，买张彩票瞬间中500万，其实这就是自欺欺人。

如果说一个人对生活的态度里藏着他的未来，那么怎样获得钱的态度里藏着他的整个人生。聪明的人总是能在最短的时间里知道自己想要什么，不会因为一时的虚荣，而让自己的人生陷入万丈深渊。

小北是我的一位好友，小姑娘今年刚刚念大二，她不仅人长得漂亮而且声音非常好听，我甚至觉得她的声音有抚慰人心灵的功能。

因为声音好听，她做了国内很多公众大号的签约主播，每天非常忙碌，曾经有那么一段时间，她的世界里几乎被录音占据，但她的笑容经常在脸上绽放。不仅如此，假期的时候她还带了一批小学生，把自己的生活安排得非常满。

后来，我知道小北其实是不缺钱的，自己有一个公众大号，赚钱也相对比较容易，但是她依然很努力，也许她不想让自己面临钱到用时方恨少的境地，为了避免没钱的尴尬，所以她疯狂地努力。

小北说："一个人需要钱并不是矫情，这要看她通过什么途径获得，如果真是自己的努力所得，那么虚荣一点又何妨呢？”

对于金钱，我相信这个世界上没有一个人不爱，因为它不仅能给我们的生活带来改变而且还会让我们活得非常有安全感。

可是，这世界上大多数人总是把希望寄托在别人身上，每当看到别人赚到钱后，就感叹别人的运气有多好，而从来没有看到他们为之付出的努力。

俗话说，君子爱财取之有道，也许你根本不是君子，那么你也不能因为自己的虚荣拿生命开玩笑吧？

其实，我们从一个人做事的态度里完全能够看到她的未来，如果你今天因为买部手机而去卖卵，那么明天当你需要别的东西时，你又会选择去卖什么呢？

这世界上最可悲的人就是不会为自己梦想埋单的人，当她们自己需要某件东西时，便会去抱怨命运的不公平，但他们从来没有为梦想付出哪怕一丁点儿努力。

士兵突击里有一句话：“想要和得到中间还有做到。”

在这世界上，很多好的东西我们想要，但如果不为之努力，那么就只能变成想，当这个想法变得厉害，那么误入歧途就是再正常不过的事情了。

有时候，父母的放纵和无限的满足，对孩子来说是非常致命的，这甚至可能会毁掉他的一生，当他们品尝这个后果的惩罚时，一切都已经太晚了。

那是去年夏日的一个夜晚，在小区门口有一位衣衫褴褛的老者拦住了我的去路。他看上去有些疲惫，我不知道他通过什么途径找到我，当他看到我的一刹那，有些忐忑地说："对不起，打扰您了，我有一件事想麻烦您……"

在他断断续续的叙述中，我终于明白他的目的了，原来他是老来得子，因此从小就非常惯自己的孩子，孩子的每一个要求他都会无条件满足。他一直以为这是对孩子最好的爱，可是结果却让他非常悲伤。

孩子长大后，他发现自己根本没有能力再满足他的一些需求，后来孩子参加了一个盗窃团伙，面临几年的牢狱之灾。他说完后，我问："你是想让我帮你做什么？"

他搓着手，紧张地说："如果可以，你能否帮我见孩子一面？"最后，在他的请求下，我只好答应。

这位老者叹了口气说："孩子之所以这样，其实都怪我，正是我所谓的爱彻底害了他。"看到他痛苦的表情，我没有再说什么，因为我知道这一切都是徒劳的，这一次的教训可能让他这一辈子记忆犹新。

卖卵买手机的女孩在家里肯定经常得不到父母的满足，她需要的所有东西，父母都会为她设置障碍，时间久了她对父母失望了。当自己想获得某件东西时，她不再去恳求父母，而是拿自己的生命做赌注。

而面对牢狱之灾的男孩则是因为父母过分的满足让他失去了奋斗的能力，因为他知道自己需要什么只要开口父母就会满足，但当有一天父母无能为力时，那么他只好铤而走险。

其实，一个人的未来藏在脚踏实地的努力里，而他是否会这样去做，就要完全看他形成了什么样的价值观。

这种价值观的形成完全取决于他的生长环境，最好的爱并不是满足，而是让他知道怎么通过正确的途径获得自己想要的东西。

你委屈的样子
真丑

昨天，我在网上看了一则新闻，36 岁的黄女士婚后经常遭到丈夫的家暴，但她竟然为丈夫生了 8 个孩子。有媒体问她，既然彼此感情基础很差，为什么还要生那么多孩子？黄女士的回答，让人有些心酸。

她说："我从第一天去到他们家就被打，后来我发现只要怀孕了，他只会骂，但从不敢踢打我，所以我经常利用怀孕这一招来逃避被打。"她说完后，我们仿佛看到了一个可怜女人的无奈。

只是，我不明白既然两个人感情如此的差，为什么还不离婚。

也许刚恋爱的时候，丈夫对她充满了温情，他们才会步入婚姻的殿堂。婚后，丈夫的本性暴露无遗，这个时候她应该选择离婚的。可她就是不做，宁愿通过怀孕的方式也不愿意离开这个对她频繁施暴的男人。

俗话说："可怜之人必有可恨之处。"其实，我一直觉得，黄女士是自讨苦吃，换句话来说，她真的是活该。

一个女人在频繁遭受不公平待遇时依然不离开这个男人，我觉得这其中有三种可能：

一，她依然深深爱着这个男人。

二，她在经济上不够独立。

三，她一直活得不自信。

世人都说有情饮水饱，有很好感情基础的两个人，他们的生活注定是幸福的。但如果两个人的感情一直靠一个人来维护时，那么这份感情早晚得夭折，因为每个人都有忍到极限的时候。

聪明的女人从来不会抱怨委屈，因为她们知道抱怨的结果会更加糟糕，她们会想尽一切办法改变自己，夺回曾经的主动权，同事小丽就是这样的人。

小丽和丈夫是奉子成婚。婚前，丈夫几乎对她百依百顺，小丽沉浸在属于他们的幸福里。但是婚后，一切都变了样子，丈夫不仅脾气差而且没有丝毫耐心，只要稍微不满意就会大发雷霆，小丽说："那时候的日子真是度日如年。"

为了逃避，小丽甚至想到了死，但每当看到孩子天真的眼神，小丽的心就突然间软了下来。虽然在这段婚姻里小丽一直选择忍让，但这并没有得到丈夫的理解，丈夫甚至觉得他能养她们母子就是发了慈悲心。

那段时间，小丽在笔记本里记录着自己的委屈，她甚至在孩子熟睡后独自一人偷偷哭泣，即便是这样，丈夫还是出轨了。知道这件事后，小丽选择了离婚，她带着孩子离开了曾经充满温馨的家。

离开之后，一切变得非常糟糕，当初为了丈夫她离开了自己钟爱的事业，专心地相夫教子，可现在她必须找回曾经的自己。

把孩子交给母亲后，小丽开始疯狂地学习和健身，虽然她知道这一切很难，但是生活却要逼着你必须学会成长。很快，在小丽的坚持下，她的人生终于发生了质的改变，不仅收获了一份不错的事业，而且还获得一份她梦寐以求的爱情。

小丽说："生活中没有人在意你的委屈，你的倾诉只会被别人当成笑话，如果你能活得漂亮，这就是对他们最有力的回击。"

在生活中每个人都有委屈，但是有的人会把委屈化成自己前进的动力，而有的人却到处诉说自己的委屈。时间久了，这两类人的距离很快就会被拉开。

其实，所谓的委屈只不过是你强加给自己的一个枷锁，一直待在枷锁里的人永远不会感受到生活的美好。

我有一个朋友最近被领导开除了，而开除她的根本原因就是她到处诉说自己的工作有多么辛苦，领导给的工资有多么可怜，她在单位里受了多少委屈。

后来我才知道，那段时间他们单位的效益不好，很多订单总是莫名其妙地流失了。为了挽回这些损失，领导经常和她一起加班，不断地做方案和调整方案，朋友觉得领导的安排很不公平，因此她经常跟领导诉说自己的委屈。

等单位走上了正轨后，领导找朋友谈过一次话，但是朋友依然我行我素。最后领导说："其实，那段时间也是公司对你的考验，本来想提拔你到中层做管理，但你受不了工作中的委屈，所以我只能还你自由。"领导说完那一刻，朋友才恍然大悟。

诉说自己的委屈只会让别人更加瞧不起你，把委屈挂在嘴边的人注定也不会成就大事，你抱怨的委屈里藏着你的生活质量和前途。

如果一个人一直觉得委屈，那么她必须学会改变，如果不这样，她的人生很可能会葬送在自己的委屈里。

忍受住爱情中的委屈，是因为还一直爱着某个人；忍受住生活中的委屈，是为了把日子过得平稳；忍受住工作中的委屈，是为了让自己有一个更加美好的前程。如果这所有的一切都不能如你所愿，那么就把委屈变成前进的力量，去寻找属于自己的幸福。

姑娘，人生的路真的很长，你能否在这条路上活出精彩全靠你自己，其实，你才是自己生命里的救世主！

如果在人生的道路上遇到很多委屈，那么也不要着急去诉说，你完全可以静下心来去想想造成委屈的根源，你要做的不是一味地抱怨，而是冷静地沉思。

在生活中，总有无限的精彩瞬间，但如果你把这些瞬间全部用在抱怨委屈上，那你的世界只能是黑白色。姑娘，不要再跟别人诉说你的委屈，因为那样的你真的很丑。

好好吃饭
到底有多重要

昨天，我在网络上看到一个问题：“你有多久没有好好吃一顿饭了？”看到这个问题后，我觉得提问者太无聊了，现在生活水平都不差，好好吃一顿饭那简直太简单了。

直到看到网友的留言，我才知道自己错了，提问者的意思是在当下社会我们有多久没有好好享受吃饭的乐趣了。有人说自己工作太忙，每次吃饭都比较匆忙，吃饭对他们来说并不是一种享受而是活着的必要条件。

好好享受一顿饭的过程到底有多难？

中医上说，吃一顿饭的过程最好控制在二三十分钟，而现实生活中我们大多数人都达不到这个标准。我经常在早上看到很多上班族边吃饭边等公交车，狼吞虎咽的样子让人心疼。

难道我们真的连好好吃一顿饭的时间都没有了吗？答案肯定是否定的，很多人宁愿把吃饭的时间拿出来娱乐也不愿意享受一顿饭的美味过程，在他们看来好好吃饭根本没有那么重要。

通过一段时间的调查，我发现往往越是成功的人他们把吃饭看得越重要，越是事业不如意的人，他们对吃饭反而越应付。时间久了，好好吃饭的人身体非常棒，不好好吃饭的人身体却越来越差。

我们不是机器人，因此我们不可能时刻保持旺盛的工作激情。在人生的道路上，如果想取得成功，那么我们就必须有一个健康的身体，而能否好好吃饭就显得非常重要。

一个人能否好好吃饭不仅决定了他的身体状况还决定了他的未来。

著名作家林清玄从小就是一直好好吃饭的典范，他小时候寄住在外祖母家，有很多表兄弟姐妹，由于每次相约饭后一起玩耍，因此吃饭的时候就不能安心，总是胡乱地扒到嘴里咽下，心里尽想着玩了。

这时，外祖母就会用她的拐杖敲林清玄的头说：“吃饭吃得这么快，难道是着急去赴死吗？”

外祖母的这话让林清玄一下呆住了，然后外祖母继续说：“吃那么快，怎么能体味到一碗饭的滋味呀！”因为记住了外祖母的这句话，从此，林清玄吃饭便十分认真，总是专心地把饭吃完再去做别的事情。

因为养成了这个良好的习惯，林清玄取得了辉煌的成就。

他说："既然上天给了我们吃饭和睡觉的时间，我们就应该好好享受，如若不然，还不如不给我们这些时间。"

好好吃饭不是对食物挑三拣四，也不是一时兴起偶尔的坚持几次，好好吃饭是一种良好的习惯，这里面藏着一个人的生活智慧。好好吃饭的人注定是成功的人，因为他们对吃饭这件小事都如此专一，还有什么事是他们做不到的呢？

很多人对吃饭这件事都看得很淡，朋友小马就是这样的一个人。小马在单位里工作并不是很忙，但是他吃饭却很快，每次打完饭，大家才刚吃了几口，小马就说自己吃饱了。同事跟他说这样吃饭对身体不好，小马笑着说："吃饱就行了，为什么非得管那么多？"朋友便不再多言。

平常小马总是风风火火，吃饭没有丝毫规律，不论什么时候只要感觉饥饿，他就会随便吃一点，时间久了，小马感觉身体非常不舒服。

后来，单位里组织体检，小马的胃出了毛病。医生有些疑惑，他不明白小马这么年轻胃里怎么会发生病变呢。当他知道小马从来没有好好吃饭时，他说："小伙子，你的身体已经开始抗议了，如果你不想有更糟的后果，那么从今以后你一定要好好吃饭。"医生说完后，小马的脸瞬间变得苍白。

接下来的一段时间，小马无论多忙都会静下心来好好吃饭。有一次我们一起喝酒，小马笑着说："以前，我没好好吃饭，差点把命搭进去了，现在在享受吃饭的过程中我突然发现食物的味道原来这么美。”

其实，身体对每个人都是公平的，你认真对待它，那么它会助你登上事业的巅峰，如果你不认真，那么它会让你跌入生活的万丈深渊。我觉得是否认真对待身体从能否好好吃饭这方面完全能看出来。

好好吃饭到底有多重要？我觉得它甚至能影响一个人的未来。无论有多么忙，我们都要把好好吃饭变成最重要的习惯。

我一直觉得一个人这一生能够把饭吃得都很香，那是很不容易的一件事，因为他懂得为自己的身体负责，懂得生命的价值所在。在我们的这一生中，会遇到许许多多的人和事，虽然有些是必需的，但有些是完全用不着的。

每个人都希望有自己的人生高度，那么这高度，从何而来？不少人觉得是从工作中体现出来的，因此为了达到自己的期望值，他们废寝忘食地工作，但是最后的结果却不尽如人意。

其实，人生多数时间并没有什么大事，真正的大事我觉得反而都是由吃饭、走路这样的一点一滴的小事串联而成的。如果我们在人生的道路上真的遇到了一件大事，我想考验我们的也是在小事上的功夫。

我们每个人都很爱惜自己的生命，可我们总是说的太多做得太少。如果你还有伟大的志向，还有追逐梦想的动力，那么我觉得你更应该沉下心来好好吃饭了。

没有人会通过你邋遢的外表去发现你丰富的灵魂

大学同学小宋打电话说自己最近比较烦，当我问他原因的时候，他有些无奈地说：“还不是工作的原因。真没想到努力了那么长时间，找份工作竟然这么难。”小宋说这话的时候，我觉得这事不可能。

小宋在大学的时候是学生会主席，无论学习能力还是社交能力都非常高，按理说他找份工作应该易如反掌，除非他对单位的要求太高。我本想打电话和他说先放低自己对工作的要求，等时机合适了再说，没想到小宋说：“我已经够放低姿态了，但是就没有单位肯接纳我。”

后来，小宋过来找我玩的时候，我终于知道了事情的真相。那天，他让我去车站接她，但直到客人都走了我也没有发现他。

正当我在寻找他的踪影时，小宋从背后拍了我一下说："老同学，混好了不认识我了？"

讲真，我并不相信眼前这个人是小宋，乱糟糟的头发配上一件宽大的T恤，一条洗得发白的裤子配上一双不知道几天没刷的运动鞋，样子仿佛街边的流浪者。我笑着问："怎么把自己弄成这样了？"我原本以为他会说自己最近经济状况不好，但没想到他说："你懂什么？在我看来这是个性，难道你没有觉得很帅吗？"他说完后，我真不知道该如何回答。

吃饭时，小宋告诉我，他经常穿着这一身去面试工作，但是没有单位接纳他，我说："为什么不收拾下自己？你这样单位怎么要你？要是不知道的还以为你就是个神经病。"小宋说："我相信是金子总会发光的，不要我是他们自己的损失。"

讲真，小宋真的是个能力非常强的人，但是他邋遢的外表让很多用人单位不愿意接收。虽然他一直标榜自己是一块金子，但我觉得他却在无意中掩盖了自己的光芒，更可悲的是他却根本不懂得改变。

别人对你最初的判断就是通过你的外表，如果你的外表很邋遢，那么即使灵魂再丰盛，我想也没有人愿意去了解，因为你给他们的第一印象真的很不好。

外表整洁的人总会给别人一种亲切感，这种感觉会让很多的陌生人乐意靠近你，他们愿意静下心来倾听你对未来的看法，换句话别人是否愿意了解你丰盛的灵魂完全取决于你自己的外表。

小宋找工作屡屡碰壁后，终于明白了一个人外表整洁的重要性，当他让自己焕然一新后，很快就找到了自己心仪的工作。后来，小宋对我说："以前我以为一个人的外表是否整洁并不重要，吃过苦头后，我才知道当时的自己是多么的愚蠢。"

其实，把自己最好的面貌展现出来，是对别人的一种尊重，懂得尊重别人的人，那么别人也会善待你。我一直觉得外表整洁的人，他的运气肯定不会太差，小张就是这么一个人。

小张的家庭条件不是很好，为了能在单位里立足，小张比别人付出了更多的努力。去年新闻部竞选主任，没想到资历尚浅的小张竟然被选上了。事后，有同事和我说："没想到小张的运气竟然这么好。"

讲真，如果要论资历，那小张根本没有备选的机会，因为无论在能力上还是处理人际关系上，他都不是其他竞选者的对手，但为什么命运偏偏垂青了他？

后来，我才知道小张并不是运气好，这一切实际上都是他为自己赢来的。在大家的眼里，小张是一位外表非常整洁的人，虽然上班时间很紧张，但是他都会把自己收拾得非常整洁。

有一次，我们同事几个一起吃饭，只有小张穿得非常正式，我打趣道："出来吃饭，没必要把自己打扮得这么好，不知道还以为你要相亲呢。"小张笑着说："这么多年，我早就习惯了，要是穿得不整洁我总觉得浑身不舒服，不仅做事情没有激情而且还会出错。”

竞选新闻部主任的时候，小张和单位里另外一位同事是平票，由领导来做最终决定。当把名单报上去后，领导说：“就让平常穿戴非常整洁的那位小伙子来做吧，我相信能把自己收拾整洁的人也一定会把工作做得漂亮。”因为领导的这句话，小张终于如愿以偿。

其实，我一直觉得坚持外表整洁的人必定也是成功的人，因为他们懂得尊重别人，懂得给别人一种亲近感，这样的人一定会得到命运的垂青，取得自己想要的结果。

生活中，虽然我们一再强调，不要过分关注一个人的外表而忽视了他丰盛的灵魂，但我们也要认识到，一个人的形象其实就是他的一张名片。

衣着得体、外表端庄是对他人的尊重，也是自我成熟的表现。

前年夏天，因为单位的事情，我经常搭乘一辆出租车，每次上车后我都感觉非常不舒服，车里不仅空气质量差，而且出租车师傅的穿着非常随意，虽然我偶尔表示了自己的不满，但是他根本没有当回事。

后来，我只好换了一辆，这位出租车师傅每次出车前不仅把自己的车收拾得非常干净，而且穿着也非常得体，每次都给人一种很舒服的感觉，坐在这样的车上，我觉得是一种享受。

外表整洁是一个人最基本的修养，如果一个人连自己的形象都顾不了，他又怎么会顾及单位的形象？况且这样的人我想没有人会喜欢。也许你会觉得别人有眼无珠，不会透过表面看到你内心的本质，不会透过你邋遢的外表看到你丰盛的灵魂，但我觉得这一切都是你自己造成的。

杨澜说：“没有人有义务必须透过连你自己都毫不在意的邋遢外表去发现你丰盛的灵魂，一个年轻人必须学会整洁，才能让世界更好地认识自己。”

在这个世界上，我一直觉得形象永远走在能力的前面。

在我们的生活中，你会发现除了那些投机取巧的暴发户，从来没有一个真正有能力的人形象邋遢、口齿不清甚至气质低俗，整洁的外表对一个人来说非常重要。

一个人的长相、气质、举止、打扮都会给对方留下难以改变、先入为主的主观印象，其次，才是你的性格、能力以及处事方式，也就是所谓丰盛的灵魂。因为跟你第一次见面的人，除了看你的外在，根本也没有时间跟你来一段时间的深入了解。

其实，你的外表里藏着你未来的样子，你呈现给别人什么样的外表决定了你有什么样的未来，着装精致的人，一定审美高超；身材紧致的人，一定自律又积极；那些妆容精致发音标准的人，我想他们也一定有良好的个人素养。

对于找工作，外表是否整洁对一个人太重要了，我想面试官对待履历差不多的两个人，一定会选择一个比较整洁的人，因为这样的人会让他们感觉很舒服。

聪明的人从来不去讨论外表整洁重要还是内在能力重要，

因为不管是注重哪一个，人们看到的，永远是外表整洁在前，能力在后，所以一个人如果想取得想要的成绩，那么就一定要注重外表。

也许你觉得是金子早晚会发光，但请不要用你自己邋遢的形象来覆盖金子的光芒，如果你不听有可能会失去很多机会，因为别人真的没有时间通过你邋遢的外表，发现你丰盛的灵魂。

千万别嫁给
一个不懂得尊重你的人

大学同学张晓梅今年30岁了，想不到很漂亮的她竟然成了剩女。最近她心情非常不爽，谈了5年的男朋友到现在都没有要娶她的意思。

晓梅和我抱怨的时候，我问她为什么不早点离开。晓梅说："其实，我还一直深爱着他，我的青春几乎都浪费在他身上了。"虽然晓梅催过男朋友，但是他的答复都是现在还不是结婚的时候。

对此，我并不知道怎么来劝晓梅。我一直觉得一个男人如果深爱着一个女人，那么结果应该不是这个样子，最起码他会给对方希望，但是晓梅根本看不到属于他们的未来。晓梅总是告诫自己再给对方最后一次机会，但每次都是失望之后再形成新的希望，其实明眼人都知道晓梅只是对方的备胎。

爱一个人和睡一个人是不一样的，睡只要身体上付诸行动就够了，借着浪漫的红烛之夜尽情地释放着荷尔蒙，睡完之后在心里不会形成牵挂。爱一个人是要把自己的心交给对方，毫无保留地为对方考虑，甚至为了对方的心情好坏而牵肠挂肚。

本来我想对晓梅说，“其实他只是想睡你”，但是看到她伤心的样子，我欲言又止。

以前，我认识一个叫小北的姑娘，她被爱深深地伤害过，对方一直把她当备胎。当对方结婚的时候，她才知道自己有多么傻。

一个夜晚，她告诉我自己现在又恋爱了，我有些关切地问：“你是真的爱现在这个男孩吗？确定从上一段的感情里走出来了吗？”对方说自己很确定，我在惊讶之余给她送去了祝福，并一再嘱咐她保护好自己。

时隔一年后，小北怀孕了。男方给出的条件是：房子结婚后再买，电视用他弟弟的，家具暂时先用家里的，要是不同意婚事就算了。这一刻小北非常难过，她哭着对我说：“哥，你说我该怎么办？”我找不到任何办法来安慰她，只好静下心来听她抱怨。

其实，一个女人应该能看出来对方是否爱你。我一直觉得爱不是一种形式，而是一种发自内心的情感流露，虽然它无关乎物质，但是它也不会让你感到恐慌和无助。

有很多姑娘说自己的男朋友喜欢玩捉迷藏，在自己最需要他的时候，他们往往消失得无影无踪，当她们终于开始摆脱依赖的时候，对方却又过来黏着自己。好友茉莉说：“我爱上了一个让自己捉摸不透的男人，真不知道该怎么办。”

我告诉茉莉，对方根本不爱她。她显然无法接受这个事实，总是一遍遍地骗着自己，虽然茉莉明知道对方根本不爱她，但是她就是放不下。

在这段感情里，茉莉一直很被动，处于劣势，原因就在于他们俩对爱情的付出不一样。

他是想睡女人的情场老手，她却是把爱当全部的小绵羊。他能分分钟将她拿下，即便她百般挣扎，依旧难逃他的魔掌。

茉莉坦言，一开始他们还每天都微信聊天，但越往后就越平淡，她总是猜不透他在想什么，毫无安全感。

我说，如果你不保护好自己，他睡完你就会找下一个目标。真正爱你的人从来不会让你如此痛苦，除非，他一直没有爱过你。

其实，爱你和睡你是两码事。

如果一个男人想睡你，那么他会用尽所有的方法来麻醉你，想尽一切办法在最短时间之内将你拿下。他们不会跟你走心，只会跟你走肾。因为他们很忙，拿下你以后还要赶赴下一场。

而如果一个男人真的爱你，那么他会耐心等待，尊重你的意愿，全心全意地照顾你，等你爱上他。他们不会耍手段、耍心机，相反，会特别小心翼翼，因为他们怕自己一个无意的举动会让你痛苦。

张爱玲曾说过这样的一段话：面对一个不再爱你的男人做什么都不妥当。衣着讲究就显得浮夸，衣衫褴褛就是丑陋。沉默使人郁闷，说话令人厌倦。要问外面是否还下着雨，又忍住不说，疑心已问过他了。

我觉得，在一个不想对你负责的男人面前，你无论做什么都是徒劳的。因为从一开始他就只是想睡你，怎么会指望他有一天能娶你呢！

如果一个男人总是让你感到恐慌，不懂得尊重你，总是让你做自己不想做的事情，那么你要做的，就是认清现实，及时撤离，离开那个只走肾不走心的人。虽然这很难，但你必须下定决心斩断情丝。

无论如何你都要相信，许多时候，很多直白的感情虽然会让人觉得笨拙且傻，但那往往是真情。而那些烂漫又多彩的行为或举动，往往只是逢场作戏。你付出的爱或许只是海市蜃楼。

书读得少，才觉得看谁都丑

2 月 7 日晚，复旦附中高一女生武亦姝夺得央视《中华诗词大会》节目的冠军，并在一夜之间走红。

武亦姝长相斯文，戴一副眼镜，在比赛现场神闲气静、从容应对，最终以《诗经》里“七月在野，八月在宇，九月在户，十月蟋蟀入我床下”一句在“月”字“飞花令”环节胜出。对于她的表现，很多网友表示服气。

中央民族大学副教授蒙曼这样评价武亦姝：“诗歌的真善美是渗透到她心里去的，她的谦逊不是装出来的，而是有诗意在心中，她站在那里气定神闲的样子，诗意就出来了，这就是所谓的‘腹有诗书气自华’。”

但很快对她负面的评价也出现在网络上，甚至有网友吐槽她的相貌，网友A君说："都说武亦姝漂亮，为什么我反而觉得她长得好怪异，就像一条蛇一样，虽然有个个头，但一点也不美，不仅嘴边的痣不好看而且脑袋太小，和身高的比例完全不匹配，耳朵和眼睛更不好看，说话声音就像个男人。"

从这两个人对武亦姝的评价里，完全可以看出他们的区别。读书多的人对事物的看法总是恰到好处，而读书少的人总喜欢鸡蛋里挑骨头，因为读书少，所以见识少，说出的话也让人难以接受，如此循环往复，整个世界他都会觉得很丑。

俗话说，人怕出名，猪怕壮，这话一点也不假。武亦姝出名后，很多肤浅的人开始不再关注她在诗词上的造诣，而是非常关注她的相貌，想通过自己的言论来博得大家的眼球。其实这群人相当的无聊，他们从来不去关注别人的才能，而是对爹妈给予他们的相貌津津乐道。

其实，这世界上有一群很无知的人，他们活在世上的使命仿佛就是为了嘲笑别人。他们从来不去看别人的长处，而是费尽心机去寻找别人的短处，一旦找到后就大肆放大，仿佛哥伦布发现了新大陆。通过这段时间的调查，我突然发现越是读书多的人，他们的素质越高，在评论人的方面也越中肯。

在这个社会上，有一大批人觉得读书就是在浪费时间，他们从事着繁重的劳动工作，从来不去想如何改变，而是整天怨天尤人，发现不了这个世界的美好。但读书多的人却更加脚踏实地，因为他们知道一味地埋怨是没有用的，凭着自己的知识储备完全有能力在这个美丽的世界立足。

其实，读书多的人就是能看到事物美好的一面，读书少的人才会在事物的丑陋面上大做文章。

我有一位朋友叫小坤。一年前，他到一家单位实习，平常他的工作不忙，领导让他闲暇时间多读读书，但是小坤从来不听，他把大量的空闲时间用在了玩游戏上，主任交代的工作也是应付了事。

在他沉浸在游戏的世界里时，单位里又来了一位小伙子，这位小伙子不仅知识储备量非常大，而且做事非常主动，每次有事主任都让他去做。

有一次，我和他一起吃饭，小坤说：“我们单位来了一位特别丑的小伙子，真没想到这么丑的人单位也会聘请。”当我看了他手机上的照片时，心里突然有些不痛快。我说：“我觉得他不丑啊。”小坤白了我一眼，便不再说话。

其实，我知道小坤并不是真的觉得对方丑，而是嫉妒对方比他有才华，因为明知自己在知识上比不过人家，所以就会肤浅地和人家比相貌，因为他书读的少，所以他眼里的世界也是丑陋的。

当一个人看任何事都觉得很肤浅时，他就应该静下心来好好读书了，有时候一本好书完全可以改变他的一生。

读书少，我们抱怨的就多，抱怨生活的不如意，抱怨生命不会善待自己。时间长了，我们甚至觉得这一切是上苍对不起我们。读书少，我们负能量就多，总是拿出大量的时间来嘲笑读书多的人，其实这一切都是心虚的表现。

读书多的人，心态都非常积极，我有一位朋友父母是地道的农民，虽然当时他没有考上大学，但是这位朋友一直在读书，后来通过自考实现了自我的价值，并成为我们当地一所好学校的老师。他说："如果不读书，那么我现在肯定和父母一样继续和黄土地打交道，早早地结婚生子，过着一份朝不保夕的生活，理想和情怀也成为奢侈的事情了。"

读书多的人和读书少的人他们的价值观是完全不一样的，前者遇到事物能明辨是非，能很好地解决生活中遇到的事情，他们的人生往往也会一帆风顺，而后者却只会怨天尤人，总是为自己的失败寻找借口，人生的事业也充满坎坷。

读书少的人，他们的世界是黑白色的，他们看不到这个世界的绚丽多姿，他们看不到别人的内在，他们唯一能看到的就是最表面的东西。如果有时间，那么别怨天尤人了，拿起书本努力读吧，我相信通过读书一定能改变曾经无知的你。

在这个怀疑的时代里
坚持信仰的力量

两年前，我和同事一起去采访当地一位企业家，来到这家企业后，我们才发现进去要出示证件，尴尬的是我们两个人当时竟然都没有带记者证。当我向保安表示自己是报社的记者时，对方冷漠地说："别跟我说这些没用的，没有证件不能进去。"

同事是个急性子，当场就想跟他理论，但是对方根本不吃这一套。同事说："做了这么多年采访，第一次碰到这样的，真让人上火。"最后毫无办法的情况下，我们只好给领导打了个电话，在领导的帮助下我们才顺利地进去。

我们刚走，我隐约听到那位保安抱怨了一句："我以为是冒充的，没想到还是真的记者。"讲真，听到他这句话后，我有些生气，但为了采访的顺利进行，我并没有回去和他理论。

我跟朋友说起这件事后，朋友说："也许他做的真没错，毕竟这是一个充满怀疑的时代。"也许那位保安通过自己最初的判断觉得我们是冒充的，也许在最近一段时间有很多冒充记者的人前来采访，他因此多了一丝戒心，如果真是这样，那他做的确实是正确的。

怀疑是每个人的本能，但是如果面对任何事物都通过自己感性的认识而怀疑，那么这真是可悲的。时刻怀疑别人的人注定从来没有经过理性的判断，时间久了，他们会对这个世界失去希望，而且在人生的道路上也不会再有信仰。

在这个怀疑的时代，每个年轻人在乎的几乎都是房子、金钱和社会地位，每个人都天真地以为只要拥有了这些，自己的人生才会有价值。

城市化的快速发展正在缔造一批批新的地产富翁，有很多一直努力的年轻人却怎么也得不到最基本的东西，而有很多整天游手好闲的人却因为拆迁而摇身变为富翁，因为这样，努力工作的人开始怀疑人生，开始觉得所谓的信仰不过是自欺欺人。

前几天，跟朋友家 10 岁的小女孩聊起理想，当我问她长大了想做什么时，她有些骄傲地说："长大了，我想做明星。"我有些惊讶地说："为什么呢？"她说："当明星赚钱多呀。"说实话，她的这句话真的震撼到了我，一个小小的孩子，竟然没有把好好学习和报效祖国作为自己的人生目标，而是用钱的多少来衡量自己的价值，这真的很可悲。

其实，也许这真的不怪她，朋友夫妻是大学毕业，他们在大学里曾经也是风云人物，但毕业后，残酷的社会现实开始让他们怀疑人生，甚至怀疑曾经的选择。在双方父母的帮助下，他们终于在城市里首付买了一所小房子，每天为了还房贷努力地坚持。

岁月像一把利剑，能很快磨平我们的棱角，在岁月的长河中，我们把自己所有的价值都体现在了房子和车子上，这确实让人感到心寒，可是如果不这样，我们的生活又非常艰难。

每个年轻人都曾经热血追梦，但当生活的压力袭来时，大多数人选择了默默地接受，他们在这个充满怀疑的时代里唯一能做的或许只剩下了做好自己。

对于社会上的很多事，我们都学着事不关己，因为太多的教训让我们变得越来越聪明，生怕一不小心就会惹祸上身，我们对这个时代充满了怀疑。

朋友下班途中，碰到一位摔倒的大妈，朋友关切地问大妈怎么了，大妈说："小伙子，我不小心摔倒了，麻烦你把我扶起来吧。"

朋友刚想伸手，女朋友马上把他拉到一边，在朋友惊愕的目光中，他女朋友说："你是不是傻啊？这附近又没有摄像头，如果扶起来，她要缠住你可怎么办？到时候我们浑身是嘴也说不清楚了。"

在两人的僵持中，正好过来一位中学生。面对大妈的求助，他毫不犹豫地扶了起来，事实证明，大妈并没有缠住中学生不放。朋友本想女朋友会羞愧，但没想到她说：“多一事不如少一事，万一被缠住我们肯定会吃不了兜着走。”面对女朋友，朋友当时无言以对。

在这个世界里总有很多让人头疼的事，大多数年轻人都开始怀疑人生，他们聪明地从社会中分离出来，坚持做一个冷漠的人，因为他们知道这样绝对不会惹祸上身，每天做的就是消耗自己的年华。

因为对时代充满了怀疑，我们的信仰正在逐渐消失。

在生活面前，梦想变得微不足道，我们努力地追寻着人生的附加值，却从来不懂得提升自己，很多年轻人觉得给自己镀金就是浪费时间。

随着时代的发展，“大学生”仿佛一瞬间成了贬义词，当他们满腔热血地报效社会时，却突然发现自己竟然是这个社会的负担，于是很多人不再选择学业，而是过早地在社会中寻找自己的地位。

以前，单位里有一位叫小松的实习生，由于我们是老乡，领导就让他跟我实习，虽然他很努力，但是微薄的薪水时常让他捉襟见肘，甚至在每个月末他都要靠家里救济，在人才济济的单位小松一直找不到自己的位置，不是水平有差距就是关系拼不过别人。最后，被生活所迫的小松只好选择了放弃。

他辞职那天，我为他送行，当我问他委屈吗，小松说："没有什么委屈的，但我有时候真的后悔自己念了大学，如果没念，父母对我的期望值就不会这么高，我也不会这么累。"小松说完后，我只好说："不要抱怨自己，也许换个地方，你的价值很快就会体现出来。"

在这个怀疑的时代，知识改变命运这句话似乎正在消失，每个人在人生路上都活得太匆匆，他们觉得只有获得世俗的认可才能体现自己的价值。

一个在怀疑中缺乏信仰的人是可怕的。因为怀疑，他不会再相信这个世界的真善美。因为怀疑，他不会再选择脚踏实地地努力，这个时代赋予他的仿佛只剩下了自私自利。

最近，在网上看到著名记者卢新宁在北大毕业典礼上说的话，心里突然重新对信仰充满了力量。她说："我害怕你们已经不相信规则能战胜潜规则，不相信学场有别于官场，不相信学术不等于权术，不相信风骨远胜于媚骨。"

也许这个时代真的像她说的那样，追求级别的人越来越多，追求真理的越来越少；讲待遇的越来越多，讲理想的越来越少；大官越来越多，大师越来越少。当每个年轻人都把这一切当成自己奋斗的动力，那么他们就一定会丢掉曾经的激情与梦想。

也许这个时代让人雾里看花，但无论怎样还是充满美好；也许你开始怀疑人生，甚至开始抱怨，但无论怎样请一定带好你曾经的激情和理想，或许这一路走来会步履维艰，但只要坚持总有花开时。

岁月如梭，我们要做那个最初的自己，不要让世俗蒙蔽了眼睛，在人生的路上时刻为自己加油助威。即使在这个怀疑的时代，我们依然要坚持信仰的力量。

我竟然成了
朋友圈里最穷的人

昨天，朋友小张给我发了一条微信，内容是："你的财富在朋友圈里排第几？"讲真，把财富在朋友圈里排名，我还是第一次见。一直以来，我都非常努力地工作，因此我觉得我的排名应该很靠前。

当我认真看了一遍朋友圈后，才发现我竟然成了最穷的那个人。朋友圈里有做微商的，很短的一段时间就做到市代、省代，她们的日工资都比我的月工资高。

还有一些经常出书的大咖，他们的财富累积得很惊人。看到这些后，心里突然很不是滋味，真没想到一直努力的自己竟然给朋友圈里的人拖后腿了。

讲真，因为工作有些忙碌，我一般不怎么看朋友圈，总觉得里面和现实差距太大，想通过自己的努力来改变目前生活的现状，但突然发现自己在朋友眼里仿佛是个外星人。

最近也看了很多关于朋友圈的文章，有一篇说朋友圈里藏着一个人的未来，说实话当时我没有看懂，现在突然明白了，朋友圈经营好的人大多数都有一个好的未来，经营差的人的未来肯定不好，原来我们的人生价值都在朋友圈里。

即便大家这么说，我还是觉得一个人的未来藏在生活中，他的努力程度决定了自身的价值，但很多朋友不同意我的观点，他们告诉我朋友圈里的财富其实就是一个人的社会财富。

如果真是这样，自己在朋友圈里真穷，因为在朋友圈里赚的钱很少，既不能经常出书也做不了微商，真是悲哀。

上午，我正在伏案写作，朋友圈里突然有位微商和我聊天，当我们刚聊到朋友圈的财富时，她突然给我发了一张图片，我一看才知道她是卖减肥药的。

她问我月收入多少时，我真不好意思说。看到我犹犹豫豫，她说："既然不说肯定很少，这是一个快节奏的社会，一个男人如果不能担负起养家的责任，这是多么悲哀啊！"我很快发过去一个哭的表情。

半晌，她问我是否愿意跟她做微商，并告诉我只要买 4 盒就马上可以做市级代理，并把这个级别能获得多少报酬全部算给我看。我承认当时真的动心了，真想加入她的行列中。

当我告诉她想和妻子商量下时，她有些轻蔑地说："一个大男人这点小事都做不了主，将来怎么成大事？我马上就做省代了，你自己好好考虑吧。”

因为她的出现，整个上午我都非常烦躁，真的不想再浪费脑细胞写文了。如果做微商能赚大钱，提高我在朋友圈财富的排名，那确实是一件不错的事。

可最终，理性还是告诉我，人要生活在现实中，我不否认有些人微商做得非常棒，但这个世界上并不是人人都适合做微商，最起码我就做不了。也许我唯一能做的就是脚踏实地地写文，借此来改善我的家庭生活条件。

朋友圈其实是一个虚幻的名利场。

很多人喜欢在朋友圈里晒幸福，这些幸福离不开金钱的支撑。朋友圈里的每一个人都幸福着，这让很多无法晒幸福的人心里非常烦躁。

情人节那天，妻子的朋友圈里有个女孩晒老公给她发了1314元的红包，妻子说：“你看看人家的老公，对自己的妻子多大方。”我有些委屈地说：“家里所有的钱不都是你管着吗？他发的这个红包最后不还是到自己卡里吗？”妻子瞪了我一眼并没有说话。

后来，我才知道妻子的意思，原来她要的不过是个过程，让她朋友圈里的人知道她有一个多么体贴的老公，可我却总觉得多此一举。

其实，朋友圈里没有未来，也没有那么多幸福，只是我们都太较真。

朋友圈仿佛一个小型的社会，只是在这个社会里，大家不会静下心来冷静思考，而是相互攀比，追逐现实中根本不存在的生活。其实，我一直觉得朋友圈真的没那么重要，过好眼前的苟且总比朋友圈里的诗与远方要好。

少在朋友圈里晒幸福，多在现实中经营好自己的生活，我想这才是真正的人生。

前天，朋友在朋友圈里发了一张豪车的截图，并说："终于提来自己心爱的车了。"短短的几分钟，竟然有很多留言，看到这些后，我当时就笑了。

我这位朋友纯粹是炫耀，他自己才刚能解决温饱，根本不会有钱购买豪车，可是大多数人却相信了，羡慕朋友竟然如此有钱。

也许，朋友圈里真的藏着一个人的梦想，但是如果要完成这个梦想就一定要在现实中多努力，而不是把一切美好寄托在虚幻中。

这世上有很多低调的幸福，它根本不需要在朋友圈炫耀，因为它根植于你的内心，能让你踏踏实实地感受到生活中的乐趣。可这世界上总有那么多人存在幻想，总有那么多人以为生活根本不需要付出，整天活在自己的朋友圈里。

朋友圈是盛载美好的地方，也是一个虚幻的乐园，如果你累了，完全可以在朋友圈里吐一会儿槽，看看这个微小社会的人际关系，但你千万不要把它当成自己的生活，如果真是那样，你的生活注定是痛苦的。

一个分不清理想与现实的人是可悲的，如果你愿意，即使成了朋友圈里最穷的那个人又怎样呢？